U0250737

本书的出版得到 "海南热带海洋学院2020年引进人才科研启动项目（NO. RHDRC202015）"和"海南省国际海岛休闲度假旅游研究基地项目（NO.HNIITRB 2022）"资助，并得到2021年海南省自然科学基金高层次人才项目（NO.421RC591）、2021年海南省哲学社会科学研究基地课题（NO. HNSK(JD)21-34）、三亚市哲学社会科学规划课题（NO. SYSK2021-07）以及海岛旅游资源数据挖掘与监测预警技术文化和旅游部重点实验室（NO.KLITRDMM 2022）相关支持。

农旅融合背景下乡村旅游目的地
土壤生态环境变化研究

NONGLV RONGHE BEIJING XIA XIANGCUN LVYOU MUDIDI
TURANG SHENGTAI HUANJING BIANHUA YANJIU

杨东伟 著

华中科技大学出版社
http://press.hust.edu.cn
中国·武汉

内 容 提 要

本书在研究乡村旅游目的地土壤生态环境方面,具有系统性、全面性和创新性,将乡村旅游发展过程中旅游目的地土壤生态环境演变特征系统展现出来,结合旅游学、土壤学和生态学知识,向读者全面介绍了农旅融合过程中乡村旅游目的地土壤生态环境变化特征及规律。

本书共六章,分析了农旅融合过程中水田改为休闲农业用地后土壤理化和生物学指标变化特点,探讨了利用方式改变后土壤类型演变及分类归属,希望为深入理解农旅融合过程中乡村旅游目的地土壤生态环境演变特征、预测乡村旅游目的地土壤质量长期变化趋势、促进乡村旅游目的地土地资源的可持续利用提供参考。

图书在版编目(CIP)数据

农旅融合背景下乡村旅游目的地土壤生态环境变化研究/杨东伟著. —武汉:华中科技大学出版社,2022.12

ISBN 978-7-5680-8984-5

Ⅰ.①农… Ⅱ.①杨… Ⅲ.①乡村旅游-旅游地-土壤环境-研究 Ⅳ.①X21

中国版本图书馆 CIP 数据核字(2022)第 257111 号

农旅融合背景下乡村旅游目的地土壤生态环境变化研究　　　　　　　　　　杨东伟　著

Nonglü Ronghe Beijing xia Xiangcun Lüyou Mudidi Turang Shengtai Huanjing Bianhua Yanjiu

策划编辑:王　乾
责任编辑:张　琳
封面设计:原色设计
责任校对:林宇婕
责任监印:周治超

出版发行:华中科技大学出版社(中国·武汉)　　　电话:(027)81321913
　　　　　武汉市东湖新技术开发区华工科技园　　　邮编:430223
录　　排:华中科技大学惠友文印中心
印　　刷:武汉科源印刷设计有限公司
开　　本:710mm×1000mm　1/16
印　　张:11
字　　数:210千字
版　　次:2022 年 12 月第 1 版第 1 次印刷
定　　价:79.80 元

前言 FOREWORD

　　农业与旅游融合背景下催生出以乡村旅游为代表的农村产业融合发展新业态,其以农业及其相关产业为主要依托,兼具旅游和农业双重属性。发展乡村旅游能够促进农业结构调整、优化乡村空间结构、保护乡村自然和人文景观,是激发乡村发展内生动力的重要引擎,是改善乡村人居环境的重要力量。旅游与农业融合的模式有以梯田景观带为代表的"旅辅农型",以度假山庄中自由采摘为代表的"农辅旅型",以科技果树采摘基地为代表的"综合发展型",以及以乡村旅游为代表的"农旅合一型"。本研究供试乡村旅游目的地主要为"综合发展型"和"农旅合一型"两种类型。

　　浙江是鱼米之乡,一直以来水稻是当地最重要的粮食作物。近年来,浙江一些农村地区积极发展休闲农业,建立乡村旅游设施,开展农家乐,将一些水田改种花卉、蔬菜等经济作物,以满足游客的观赏、采摘等需求。土地利用方式改变后,乡村旅游目的地土壤水分管理、养分管理、耕作方式及人为活动对土壤的干扰作用发生相应变化,土壤水热状况改变,继而引起土壤形态、养分状况和微生物群落发生演变。为深入了解这一转变对乡村旅游目的地土壤生态环境的影响,本书以我国南方地区不同类别的水稻土及其改休闲农业用地后系列耕层土壤及剖面土壤为研究对象,开展农旅融合背景下乡村旅游目的地土壤生态环境变化研究。

　　在农旅融合背景下,浙江一些乡村举办桃花节和梨花节,开展葡萄、蜜桃、大鸭梨、柚子等的采摘活动,本书通过水田改为休闲农业用地后土壤生态环境演变开展研究,以耕层土壤理化性质、微生物学性质及土壤剖面形态特征、铁锰氧化物组成的演变为研究主线,应用物理、化学和分子生物学等分析手段,采用时空互代的研究方法,系统探讨了水田改休闲农业用地过程中土壤形态特征及演变规律,并以诊断层和诊断特性为基础探讨了水田改旱作后土壤类型演变及分类归属,为深入理解农旅融合过程中乡村旅游目的地土壤生态环境演变特征,预测乡村旅游目的地土壤质量的长期变化趋势,完善我国土壤系统分类及促进乡村旅游目的地土地资源的可持续利用提供理论依据。

值得一提的是,本书以农旅融合为研究背景,对土壤系统分类中所有类型的水耕人为土及其利用方式改变后土壤生态环境的演变规律都进行了研究,研究内容和结论全面、系统,值得深入学习。

本书的出版得到"海南热带海洋学院 2020 年引进人才科研启动项目(NO. RHDRC202015)"和"海南省国际海岛休闲度假旅游研究基地项目(NO. HNIITRB 2022)"资助,并得到 2021 年海南省自然科学基金高层次人才项目(NO. 421RC591)、2021 年海南省哲学社会科学研究基地课题(NO. HNSK(JD)21-34)、三亚市哲学社会科学规划课题(NO. SYSK2021-07)以及海岛旅游资源数据挖掘与监测预警技术文化和旅游部重点实验室(NO. KLITRDMM 2022)相关支持。

杨东伟

2022 年 8 月于三亚

目录 CONTENTS

第一章 绪 论

第一节 研究背景、目的及内容

一、研究背景

我国乡村地区旅游资源丰富,既有秀丽的自然景观,又有多彩的人文风情。乡村旅游是农村产业融合的新业态,以农业及其相关产业为主要依托,将生态农业和生态旅游业有机融合,兼具旅游和农业双重属性,能够促进农业结构调整。近年来,乡村旅游产业快速发展,农村生态环境面临巨大挑战,生态破坏现象时有发生(刘芬,2018)。随着农业经济结构调整及休闲农业和乡村旅游的发展,我国大面积的水田转变为旱地和休闲活动用地,水稻播种面积呈减少趋势,并以南方地区最为普遍。2012 年全国水稻播种面积为 3013.7 万公顷,约占全国耕地面积的 25%,比 1978 年减少了 428.4 万公顷(中华人民共和国国家统计局,2012)。浙江一些农村地区积极发展休闲农业,建设乡村旅游设施,开展农家乐,将一些水田改种花卉、蔬菜等经济作物,以迎合游客的观赏、采摘等需求。浙江省素有"鱼米之乡"之称,水田面积常年占粮食播种面积的 70% 以上。近年来,浙江省水稻播种面积连年减少,2012 年浙江省水稻播种面积为 83.3 万公顷,比 1995 年减少了130.5 万公顷。除双季稻改单季稻外,由于改种其他作物或作其他用途,水稻播种面积减少 100.6 万公顷(浙江省统计局,2013)。

水田是承载着中华文明的人工湿地生态系统,在维持我国粮食安全和环境健康方面具有积极意义和重要的生态服务价值。水稻土既是我国重要的粮食(稻米)生产基地,又是我国具有重大意义的土壤资源,在区域生态(水、热、生物)平衡、物质循环等方面具有非常积极的作用(崔保山和杨志峰,2002;黄锦法等,2003)。水稻是重要的粮食作物,约有 50% 的世界人口和 60% 的中国人口以稻米为主食。从我国浙江余姚河姆渡遗址下层发现的大量籼稻推算,我国水稻已经有

7000多年的种植历史。1949年后,我国水稻生产得到很大发展,水稻种植面积由2540万公顷增加至1978年的3442.1万公顷,形成了我国水稻土广泛分布的格局,南自热带的海南岛,北至寒温带的黑龙江,东起台湾地区及大陆东部滨海平原,西达新疆维吾尔自治区的伊犁河谷和喀什地区,但主要分布在秦岭—淮河一线以南。长江中下游平原、四川盆地、珠江三角洲和台湾西部平原地区较为集中(龚子同,1999;全国农业技术推广服务中心,2008;中华人民共和国国家统计局,2010)。目前,南方稻区约占全国水稻播种面积的94%,其中长江流域水稻面积已占全国的65.7%,北方稻作面积约占全国的6%。浙江省水稻栽培历史悠久,有分布广泛的各种类型的水稻土,对全面、系统地研究水田利用方式改变前后土壤性质的演变提供了比较优越的条件。

二、研究目的

随着我国种植业结构调整以及乡村休闲农业的发展,我国南方地区很多水田转换为休闲农业用地和乡村旅游发展用地,乡村旅游及农业生态环境也成为研究的热点。一些学者研究了休闲农业旅游资源开发(许小红等,2021;贺茉莉等,2022)、发展模式(雷鸣和陆彦,2021;郑钊,2022)、环境保护(彭怡萍,2014;林秀治和黄秀娟,2015),以及农业土壤利用方式改变后土壤基本理化性质、土壤微生物生物量及微生物活性等方面的变化(Yao等,2000;黄锦法等,2003;尹睿等,2004;李辉信等,2004;张华勇等,2005;李忠佩等,2007;张健等,2007;Nishimura等,2008),而在乡村旅游目的地土壤生态环境演变方面的研究尚未系统开展,这在一定程度上影响了乡村旅游目的地土壤性质的全面认识。为深入了解乡村旅游目的地耕作层和剖面土壤形态演变方向和趋势,本研究在吸取前人研究经验和成果的基础上,以浙江省乡村旅游目的地水田及其改旱后形成的系列土壤为研究对象,采用时空互代法,建立后切型时间序列,研究乡村旅游目的地系列土壤性质的演变规律。其主要研究目的是通过分析利用方式变化对乡村旅游目的地耕层土壤理化性质及微生物学性质的影响,从分子生物学水平上揭示土壤微生物群落结构和基因多样性特征及其在不同利用方式和利用年限下的变化规律,探讨乡村旅游目的地土地利用方式变化过程中土壤发生学特性、氧化还原形态特征模式的变化特点,以诊断层、诊断特性为基础探讨土壤类型演变及分类归属,为深入理解土地利用方式变化对土壤形态演变的影响,预测乡村旅游目的地土壤性质的长期变化趋势,明确乡村旅游目的地土地利用方式变化后土壤分类地位,为农业土壤(地)资源的健康发展和可持续利用提供依据。

三、研究内容

本研究基于土壤学、旅游学和生态学理论,采用室外调查、室内理化分析及分子生物学分析方法,研究农旅融合背景下乡村旅游目的地耕层土壤及剖面土壤性质的变化。主要研究内容包括以下几方面。

(1) 分析乡村旅游目的地土地利用方式变化后土壤基本理化性质、养分等指标的变化趋势及规律。

(2) 探讨乡村旅游目的地土地利用方式变化后耕层土壤基本生物学性质、土壤微生物群落结构和基因多样性等的动态变化过程和趋势及其与环境因子的相互关系。

(3) 探明乡村旅游目的地土地利用方式变化后土壤剖面形态变化特征及其演变规律。

(4) 研究乡村旅游目的地土地利用方式变化后土壤剖面各种形态铁锰的变化及迁移转化规律。

(5) 以诊断层、诊断特性为依据,探讨乡村旅游目的地土地利用方式变化后土壤类型的演变。

第二节 相关研究进展

一、乡村旅游生态环境相关研究进展

农旅融合是指农业与旅游业相互渗透、交叉,最终融为一体,逐步形成新型业态的发展过程,农村环境资源的生态属性是驱动农旅融合的基础(胡平波和钟漪萍,2019)。乡村旅游是以农业为基础、以旅游为目的、以服务为手段、以城市居民为目标,是第一产业和第三产业相结合的新兴产业。乡村旅游是现代旅游业向传统农业的延伸,将生态农业和生态旅游业进行有机融合,是一种新兴产业形式(郭焕成和韩非,2010)。乡村旅游目的地的自然生态环境是由气候温度、空气质量、地形地貌、土壤水文和农林植被等构成的,是乡村旅游景观的物质载体(揭筱纹等,2018)。水系、大气、地貌、土壤和生物共同构成乡村旅游的自然生态环境系统,与乡村旅游具有相互促进的关系(蒙睿等,2005)。生态补偿机制作为一种解决生态环境问题的良好运行机制,已经被应用于解决农村生态环境的可持续发展问题,是一种长效的实现人与自然互利共赢的补偿制度(刘芬,2018)。

二、水稻土的发生及分类研究现状

1. 水稻土的含义

水稻土是各种起源土壤(母土)或其他母质经过平整造田和淹水种稻,在进行周期性灌溉、排水、施肥、耕耘、轮作下逐步形成的(浙江省土壤普查办公室,1994)。水耕人为土过去称为水稻土(张甘霖和龚子同,2001),是具有人为滞水水分状况、水耕表层和水耕氧化还原层的人为土(龚子同,1999;中国科学院南京土壤研究所土壤系统分类课题组,2001)。

2. 水稻土的形成条件及主要成土过程

水稻土主要起源于自成土、半水成土和水成土,为了便于种植水稻,人为地修整土地,改变了原有土壤的水热状况与形成条件。水稻土具有以下几个方面独特的成土条件。

(1) 人为调控的水分状况:由于水稻耕作的要求,水稻土有明显的干湿交替的特点。

(2) 均衡的温度状况:与旱地土壤相比,水稻土具有相对均衡的温度状况。

(3) 深刻的人为影响:由于水稻土频繁受到人为耕作活动的影响,其具有特定的土壤形成过程特点。

(4) 变动的氧化还原作用:水稻土淹水后,除表面极薄的棕色氧化层外,整个耕层处于还原状态(龚子同,1999);但因犁底层具有滞水作用,心土层水分仍不饱和,使心土层土壤处于氧化状态;排水后,整个土体氧化还原电位明显升高。在变动的氧化还原作用下,水稻土产生其所特有的土壤形成过程(熊毅和李庆逵,1987;龚子同,1999)。

总体上,水稻土的形成条件在一定程度上超越了自然成土因素的影响,而人为活动极大地改变了土壤的发生、发育过程,其独特的水热状况和剖面形态特征成为水稻土诊断分类的基础(熊毅和李庆逵,1987;龚子同,1999)。

水稻土的最大特点在于一系列物理化学过程具有深刻的人为烙印,其中最为明显的是与水分管理紧密联系的氧化还原状况的周期性变化贯穿于水稻土的形成过程(熊毅和李庆逵,1987;龚子同,1999)。水稻土的形成过程主要有两个方面:一是还原淋溶和氧化淀积,简称淋溶作用;二是水耕条件下的物质积累,简称水耕熟化,即一方面钙、镁、钾、钠和二氧化硅与铁、锰一样,在还原淋溶过程中淋失,但另一方面,通过灌溉、施肥等又给土壤带来矿物质和有机质,以补充植物吸收和淋溶的损失。因此,水稻土的形成过程实际上是淋溶作用和水耕熟化的矛盾统一过程。水稻土的物质淋溶与其他土壤有着很大的差异,淹水后,灌溉水由耕层向下徐徐渗透,由此引发了一系列的淋溶作用,包括机械淋溶、溶解淋溶、还原淋溶、络合淋溶和铁解淋溶(李庆逵,1992)。虽然水稻土的类型复杂,但在人为培育下,不同起源的水稻土向着水稻土所固有的形态剖面和理化特性方向发展,这就是水稻土的形成过程特点。

3. 水稻土在国际上的分类

目前,国外对水稻土的分类大体上有三种。

第一种是美国的分类。这一分类的基本观点是水稻土只是一种"联系特殊土地利用方式而采用的通称",所引起的变化只是在亚类以下的单元中划分,如可将人为潮湿、淹水耕种及淹水铁质等作为亚类划分的依据(USDA,1998)。

第二种是联合国粮食及农业组织的分类。这一分类强调水的作用。该分类系统涉及水稻土的水成土和人工土两个一级单元,把水稻土和潜育土等同起来,没有足够注意水稻土和起源土壤的区别(FAO/UNESCO,1988)。

第三种是日本的分类。其承认水稻土在分类中的独立地位,如内山修男(1958)则将水稻土的氧化还原过程反映在土壤分类命名上,如蓝色还原型、棕色氧化型和灰色中间型等(川口桂三郎,1984)。

4. 我国水稻土的分类

水稻土作为土壤中一种特殊类型,在我国土壤系统分类中占有重要地位,目前我国水稻土分类已经走在世界前列。我国土壤学界从不同的侧面对水稻土提出了许多分类方案,归纳起来主要有水分类型发生分类、地理发生分类和氧化还原发生分类这三种。

(1) 水分类型发生分类。1938年,朱莲青等对水稻土的形成、分类、特性及培肥等方面进行了研究,提出了水稻土形成的一个主要因素——水分在土壤剖面中的特征,以此来划分水稻土类型,考虑到氧化还原作用是水稻土的本质特点,提出水稻土"三育"分类,其目的是将成土条件、过程和属性三者结合起来;徐琪等(1980)提出的"五水"分类(侧渗水稻土、爽水水稻土、囊水水稻土、漏水水稻土、滞水水稻土),实际上也是以"三育"为基础的;第二次土壤普查把水稻土分为潴育水稻土、渗育水稻土、潜育水稻土、脱潜水稻土、漂洗水稻土和盐渍水稻土六个亚类。

(2) 地理发生分类。一些学者根据水稻土的地理分布不同以及由此引起的性质差异,将水稻土分为南方水稻土、鳝血水稻土和北方水稻土,这一分类的优点在于把成土条件和耕作制度不相同的水稻土明确加以区分,不足之处是没有把水稻土的分区和分类区分开,从而忽视了土壤本身的属性(李庆逵,1992)。

(3) 氧化还原发生分类。龚子同(1981)考虑到氧化还原作用是水稻土形成的本质特点,根据氧化还原过程将水稻土划分为氧化型、氧化还原型和还原型,该观点具有比较明确的概念和指标,为后来的水稻土分类的发展提供了良好的铺垫。

20世纪80年代以后,我国水稻土的研究工作不断深入,进入了以诊断层和诊断特性为基础的系统分类阶段。熊毅和李庆逵(1987)提出斑纹层或水耕淀积层是水稻土区别于其他土壤的诊断层,并按照氧化还原强度将斑纹层进一步细分为氧化状态下形成的、氧化还原交替下形成的和氧化还原微弱交替下形成的斑纹层。1991年,《中国土壤系统分类(首次方案)》(以下简称《首次方案》)首次以诊断层和诊断特性为基础,明确将人为土作为独立的土纲划分出来,水耕人为土亚纲下辖水稻土土类,并提出了以人为滞水状况、水耕表层和水耕氧化还原层等作为水耕人为土的诊断鉴别依据,将水耕人为土划分为潜育、渗育、漂白、潴育、复石灰、盐渍、酸性硫酸盐和普通水稻土八个亚类。《中国土壤系统分类(修订方案)》(1995)根据水耕氧化还原层形态差异及一些反映附加成土过程的诊断特性,将人为土纲中的水耕人为土亚纲划分为四个土类,即潜育水耕人为土、铁渗水耕人为土、铁聚水耕人为土和简育水耕人为土。潜育水耕人为土可分为变性、含硫、弱盐、复钙、铁渗、铁聚和普通潜育水耕人为土七个亚类;铁渗水耕人为土可分为变性、漂白、底潜和普通铁渗水耕人为土四个亚类;铁聚水耕人为土分为变性、漂白、底潜和普通铁聚水耕人为土四个亚类;简育水耕人为土可分为变性、弱盐、复钙、漂白和普通简育水耕人为土五个亚类。1999年出版的《中国土壤系统分类——理论·方法·实践》中将人为土定义为受人类活动深刻影响或者由人工创造出来的、具有明显区别于起源土壤特性的土壤,并详细阐述了不同类型水耕人为土的发生及发育特点。2001年出版的《中国土壤系统分类检索》(第三版)延续了《中国土壤系统分类(修订方案)》将水耕人为土亚纲划分为四个土类的分类方法,并在简育水耕人为土土类中增设了底潜简育水耕人为土亚类(中国科学院南京土壤研究所土壤系统分类课题组,2001)。

20世纪末21世纪初,一些有关地方性水稻土分类及基层分类诊断指标的文献陆续发表。例如:章明奎等(2000)分析了浙江省内典型的水稻土土种,并依据中国土壤系统分类定量指标,将不同类型的水稻土土种归属为相应的土系;魏孝孚等(2001)根据水耕表层、铁渗淋层、铁锰斑纹层及其主要形态变化等特征将浙江衢州样区水耕人为土划分成9个土系;何毓蓉等(2002)通过研究成都平原地区的水耕人为土,提出划分不同土系及其所属土族的土壤属性的微形态证据;杜国华等(2007)根据中国土壤系统分类定量指标,阐明了长江三角洲水稻土的主要土种在中国土壤系统分类中的归属;徐祥明等(2011)提出土壤分形维数可作为水耕人为土分类,尤其是基层分类的一个重要指标。

三、利用方式变化对农业土壤理化性态的影响

1. 对土壤物理性质的影响

土壤物理性质是反映土壤肥力的重要指标,不同的土壤物理性质会造成土壤中水、气、热的差异,影响土壤中矿质养分的供应状况(李潮海和王群,2002)。水稻土由于水稻耕作的要求,有明显的干湿交替的特点,并以湿季为长,约半年时间土壤水分保持在饱和状态,一年中潜水面至少有两次较大的波动,这是人为调控的结果;淹水过程中,土壤处于厌氧状态,冬季土壤通气状况有所改善(龚子同,1999)。水田改旱作后,人为滞水水分状况消失,不再具有明显干湿交替的特点,自然含水量下降,土壤通气性增强;相对均衡的温度状况也不复存在,水稻土的温度变化因受大气-水界面和水-土界面的热量交换的制约而得到缓和,长期淹水使土壤温度趋于平稳,变化幅度减小,使不同地区气候差异的影响大为减少(龚子同,1999)。章明奎等(1997)研究了五种利用方式对土壤水稳定性团聚体的影响,>0.25 mm 水稳性团聚体含量为林地>旱地>茶园>果园。章明奎和徐建民(2002)的研究表明,在不同利用方式下,土壤容重为果园>林地>茶园>旱地,土壤水稳定性团聚体含量为林地>果园>茶园>旱地。王莉等(2007)对比了几种土地利用类型下土壤容重的大小,得出撂荒地的土壤容重最高,为 1.51 g·cm^{-3},其他利用方式容重为混交林<农田<杨树林。有研究表明,自然林地改为草坡地、人工林地、菜地、耕地后,土壤容重增加,总孔隙度和非毛管孔隙度明显降低,湿筛后菜地和耕地团聚体结构破坏率较大,而菜地、耕地转换为撂荒地后,土壤各项物理指标都有改善(刘玉等,2005)。李志等(2008)对比了不同利用方式的土壤物理性质的差异得出,耕地和草地平均容重较大,而果园和林地平均容重较小。刘晓利等(2008)对比了不同利用方式和肥力下的水稳定性团聚体分布特征得出,在同一肥力下土壤中的>0.25 mm 水稳性团聚体含量为林地>水田>旱地。

2. 对土壤酸碱度的影响

一般而言,水稻土在淹水条件下,土壤的 pH 值向中性发展(刘世全等,1997)。杨晓英等(2006)通过研究盐碱地稻田旱作后土壤肥力变化及其对作物生长的影响,认为滨海滩涂盐碱地在水田改旱作后,土壤 pH 值呈现下降趋势。水田永久地转变为蔬菜地、旱地和林地后,人为滞水水分状况消失,土壤透气性改善,土壤中大量 NO_2^-、Fe^{2+}、Mn^{2+} 及肥料中的 NH_4^+-N 等被氧化,有机态氮的矿化,会释放出 H^+,使土壤变酸(黄锦法等,2003;李艾芬等,2010);水田改为菜地后,长期大量施用化肥,特别是施用氯化钾、过磷酸钙等酸性肥料会引起土壤的酸化(黄锦法等,2003);水田改旱作后,土壤酸碱缓冲体系发生了明显的变化,增加了土壤中盐基

物质的迁移,这也在一定程度上加速了土壤的酸化(章明奎等,2012;章明奎和杨东伟,2013;杨东伟等,2014)。另外,有研究表明,水田变为蔬菜地、旱地和林地以后使土壤向酸性方向发展;水田变为未利用地后,土壤 pH 值有所提高;稻田改为保护性蔬菜地后,土壤明显酸化(李辉信等,2004;张华勇等,2005;张健等,2007)。

3. 对土壤有机质积累及组分的影响

土地利用变化是影响陆地生态系统碳循环的主要人为因素(毛艳玲等,2007)。土壤碳库是由活跃库(周转期在 0.1—4.5a)、慢变库(周转期在 5—50a)和惰性库(周转期在 50—3000a)组成(Parton 等,1987),揭示土壤有机碳对土地利用方式变化响应的关键,是准确对土壤有机碳中不同的组分进行研究(吴建国等,2002)。有研究表明,土地利用方式变化主要影响的是土壤有机碳中分解比较快的轻组有机碳和颗粒有机碳等组分(Wang 等,1999;Solomon 等,2000)。吴建国等(2002)研究表明,农田和牧草地土壤轻组有机碳和颗粒有机碳含量显著低于天然次生林和人工林。黄山等(2009)研究表明,稻田长期(19a)转化为玉米地后,土壤有机碳含量下降,水稻土中包裹态颗粒有机质和矿物结合有机质是玉米地的两倍,两种利用方式游离态颗粒有机质差异不明显。高中贵等(2005)对比了不同农用土地利用方式的土壤性质,结果表明土壤有机质在不同利用方式之间存在明显差异,即水田>园地>撂荒地>菜地。张德刚等(2010)对比水田和旱地土壤后得出,水田土壤中有机质明显高于旱地。郑杰炳等(2008)通过对紫色丘陵土壤剖面的研究表明,水田和林地相对于撂荒地和旱地更有利于有机碳的积累。毛艳玲等(2007)研究表明,亚热带山地红壤内林地开垦为坡耕地、茶园和橘园后,土壤及其团聚体中有机碳含量大幅度下降。邓万刚等(2008)认为天然次生林转变为橡胶林后,土壤有机碳含量显著下降,主要是微团聚体组分中的有机碳含量降低引起的。

4. 对氮、磷、钾等养分的影响

郑杰炳等(2008)研究表明,水田和林地相对于撂荒地和旱地更有利于全氮的积累。张德刚等(2010)对比水田和旱地土壤后得出,水田土壤中碱解氮和速效磷明显高于旱地。高中贵等(2005)研究表明,在不同利用方式下,土壤全氮和碱解氮含量规律为水田>园地>菜地>撂荒地,土壤速效磷含量规律为撂荒地>菜地>园地>水田,土壤速效钾含量规律为园地>水田>撂荒地>菜地。

Khalid 等(1977)指出,在淹水条件下,结晶较差的无定形氧化物引起的大量活性表面具有双重作用,既可以增加对磷的吸附,也可以对磷的释放增加表面。章永松等(1998)认为水稻土在淹水过程中增加了土壤对磷的吸附,降低了磷的解吸和有效性,而淹水后的风干过程则可显著减少磷的吸附。章明奎等(2004)认为淹水后土壤对磷的吸附增加,改旱后有机质含量明显降低,土壤微生物通过矿化有机质使磷释放,转化为作物可用的磷。邵兴华(2005)对比无定形氧化物在淹水条件下对磷吸附和解吸的双重作用,得出淹水后其对磷的吸附作用占主导地位,并证实水稻土中磷的吸附和解吸行为主要受铁氧化物形态转化的影响。韩书成等(2007)认为水田改旱作后土壤有效磷增加是改旱后磷素投入量增加和淋溶作用减弱所致。刘世全等(1997)认为在渍水还原条件下,土壤溶液中的 Fe^{2+}、Mn^{2+} 和 NH_4^+ 增多,促使交换钾更多地进入溶液,一方面提高了钾素的有效性,另一方面,增加了钾素的淋失。

四、利用方式变化对土壤微生物学特性的影响

1. 土壤微生物学特性的主要研究方法

土壤微生物生物量碳是指土壤中活的微生物体内碳的总和,一般占土壤有机碳含量的 $0.5\%\sim4.0\%$,占微生物干物质的 $40\%\sim50\%$,常作为土壤对环境相应的指示指标,也是土壤养分的灵敏指示剂(Jenkinson 等,1981;何振立,1997;文倩等,2004;黎荣彬,2008;李振高等,2008;刘善江等,2011)。Jenkinson 等(1976)最先采用熏蒸培养的方法测定土壤微生物生物量碳。随后,Vance 等(1987)提出采用熏蒸浸提法测定土壤微生物生物量碳、氮,由于该方法具有简单、快速等特点,至今被广泛采用。土壤呼吸是全球碳循环的一个重要组成部分,关系到温室气体的排放,已逐渐受到研究者的重视。目前,直接测定土壤呼吸强度的主要测定方法有静态气室法、动态气室法和涡度相关法,其中动态气室法能真实地反映土壤呼吸的测定瞬间和整段时间的二氧化碳的排放速率(赵宁伟等,2011)。研究表明,影响土壤呼吸的因素主要有植被、土壤肥力、土壤水分含量、温度等环境因素,以及灌溉、放牧、采伐等措施(赵宁伟等,2011)。土壤酶是一种生物催化剂,是能特异并能有效地催化土壤新陈代谢的蛋白质。由于土壤微生物和植物根系的生命活动及其残体的分解,土壤中积累了各种酶(关松荫等,1986)。土壤酶活性是衡量土壤生产力和生物活性的指标,在评定土壤肥力方面,土壤酶活性的测定要比土壤微生物的测定更为重要(Hofmann,1952;刘善江等,2011),目前测定土壤脲酶、磷酸酶和蔗糖酶等主要采用短期培养(24 h)后比色测定的方法。

PLFA 分析法是用氯仿-甲醇-柠檬酸缓冲液提取土壤中的脂类,用硅胶柱层析法分离,得到磷脂脂肪酸(phospholipid fatty acid,PLFA),然后经甲酯化后用气相色谱分析各种脂肪酸含量的方法(陈承利等,2008)。磷脂是所有生物活细胞重要的膜组分,在真核生物和细菌的膜中磷脂分别约占 50% 和 98%(邹雨坤等,2011)。不同的微生物体拥有不同的酶体系,使有些生物个体的特定脂肪酸稳定遗传,因此,对于一些微生物来说,其特定的磷脂脂肪酸是唯一的。20 世纪 70 年

代末 80 年代初,PLFA 谱图分析技术被用于对微生物群落结构的定量分析(White 等,1979;Tunlid 等,1985),自此,人类对微生物群落结构和多样性的认识更加客观、准确(Jin 和 Kelley,2007)。PLFA 技术可以从整体上分析微生物结构组成,也可以通过特定脂肪酸定量表征几个大的类群含量,例如,细菌、真菌、放线菌、原生动物、革兰氏阴性菌和革兰氏阳性菌等(钟文辉等,2004;陈振翔等,2005;颜慧等,2006)。此外,用环丙烷脂肪酸和其单体之比,以及异构 PLFAs 与反异构 PLFAs 之比可以表征微生物对养分胁迫的响应(陈振翔等,2005;McKinley 等,2005)。用 cyc 17:0/16:1ω7c 以及 cyc 19:0/18:1ω7c 的比值可以准确反映由于长期淹育环境受到氧气胁迫的土壤微生物群落生理特征(Liu 等,2009)。

聚合酶链式反应(PCR)是体外酶促合成特异 DNA 片段的方法,利用该分子微生物学方法可以使土壤样品中的微量微生物基因得到有效扩增,并可以对扩增的产物进行定性和定量分析,解决了因微生物含量低而不能被检测的问题,为微量微生物种群的研究提供了新的方法(吴才武和赵兰坡,2011)。20 世纪 80 年代初,变性梯度凝胶电泳(Denaturing Gradient Gel Electrophoresis,DGGE)技术首先用于检测 DNA 突变(Fischer 和 Lerman,1983)。DGGE 技术的原理是长度相同而碱基组成不同的 DNA 序列在变性梯度凝胶上有各自特定的变性行为,因而在凝胶的特定位置形成泳带(姚文等,2004)。1985 年 Muzyer 等首次采用"GC 夹板"和同源双链技术,使该技术更加完善。20 世纪 90 年代初,DGGE 技术首次被应用到分子微生物学研究领域,并证实这种技术在揭示自然界微生物区系的遗传多样性和种群差异方面具有独特的优越性(Muzyer 等,1993)。由于 DGGE 技术可以避免分离培养中的误差,通过指纹图谱可以较准确地分析微生物群落结构,目前此技术已成为研究微生物遗传多样性的重要方法(吴才武和赵兰坡,2011)。

2. 土壤微生物学特性对土地利用变化的响应

许多研究表明,土壤微生物能够预测土壤质量的变化,是土壤质量变化较为敏感的指标之一(Stenberg,1999;唐玉姝等,2007)和土壤健康的决定性因素之一(Doran,2000;唐玉姝等,2007)。近年来,利用土壤微生物学特性(土壤微生物生物量、土壤酶活性和土壤微生物群落结构)指示土壤质量和土壤健康已成为国内外研究的热点(周丽霞和丁明懋,2007)。

王小利等(2006)研究发现,林地中土壤微生物生物量碳和微生物商低于水田,但高于旱地和果园,这表明将亚热带低山区域林地开垦为水田增加了土壤微生物数量和活性,将林地开垦为旱地和果园导致土壤微生物数量的减少。李新爱等(2006)通过对喀斯特地区不同利用方式土壤研究得出,稻田中土壤微生物生物量碳含量显著高于林地,林地显著高于旱地;土壤微生物生物量氮含量在稻田和林地中基本相同,而旱地显著低于稻田和林地。张成娥等(1999)研究发现,黄土高原丘陵沟壑区陡坡在不同利用方式下土壤微生物生物量碳表现为农田＞天然草地＞人工草地;土壤脲酶、中性磷酸酶活性表现为天然草地＞农地＞人工草地。彭佩钦等(2006)研究表明,洞庭湖区水田土壤微生物生物量碳、生物量氮明显高于旱地,水田土壤中双季稻高于一季稻。刘文娜等(2006)研究发现,不同农业用地方式下土壤微生物生物量碳含量具有显著差异,含量大小为粮田＞菜地＞林地,并指出土壤微生物生物量碳与土壤有机质、全氮呈极显著正相关,与有效磷呈弱负相关;原因是粮田和菜地中化肥和有机肥配施补充了土壤中有机碳源,改善了土壤物理性状,因而粮田和菜地中土壤有机碳和微生物生物量碳都显著高于速生林土壤。刘守龙等(2006)通过对亚热带地区不同土地利用方式的土壤微生物商研究表明,稻田具有较高的微生物生物量维持能力,稻田中微生物商明显高于旱地、果园和林地。Sparling 等(1992)研究发现,牧场中土壤微生物商为 2.97%,种植玉米后土壤微生物商下降到 1.50%。有研究表明,土壤酶活性与土壤理化性质、微生物量以及土地利用类型有关;土地利用类型通过改变土壤植被和微生物数量与种类来影响土壤酶活性(徐兰红等,2013)。有研究发现,土壤酶活性对土壤耕作、压实以及作物轮作等土地管理措施都是敏感的(曹慧等,2003)。邱莉萍等(2006)研究表明,不同利用方式表层土壤脲酶、蔗糖酶和碱性磷酸酶活性分布趋势一致,均为林地和撂荒未翻耕地大于农用地和撂荒翻耕地。徐兰红等(2013)通过对黑土区不同利用类型土壤研究表明,土壤过氧化氢酶活性为杨树林＞耕地＞草地＞天然林;土壤脲酶活性为耕地＞草地＞杨树林＞天然林;土壤碱性磷酸酶活性为耕地＞杨树林＞天然林＞草地。

张薇等(2005)通过归纳前人对微生物多样性的研究,认为土壤微生物多样性可以从物种多样性、生态特征多样性、功能多样性和遗传多样性 4 个方面概括其特征。Liang 等(2012)研究表明,PLFA 生物标记法在研究微生物群落结构对土地利用方式变化和生态系统的响应方面具有明显优势。Bossio 等(1998)和 Yao等(2003)应用 PLFA 生物标记法研究发现土壤类型、土地利用方式及利用年限都会对土壤微生物结构产生重要影响。Steenwerth 等(2002)采用 PLFA 等方法研究发现,通过利用方式和利用年限影响施肥、灌溉、耕作等管理方式,可以对土壤微生物群落结构产生显著影响。此外,有研究发现土壤微生物群落结构对土壤淹水的反应非常敏感,淹水后真菌数量减少(Bossio 等,1998)。然而,姚槐应等(2003)应用 PLFA 生物标记法研究发现,当稻田土壤经常处于淹水的条件下,一些厌氧微生物特征脂肪酸与其他土壤并没有太大的差异,这表明水田土壤的微生物群落与其他土壤差别不大,因此他们认为水田中微生物可能对淹水这类环境胁迫有一定的抗性。许多学者采用 PLFA 和 DGGE 等分子生物学方法研究表明,土壤微生物群落结构是检测土壤理化性质变化和土地可持续利用的敏感性指标,土壤微生物群落结构和基因多样性在不同利用方式下表现出显著的差异,并且指出不合理的土地利用变化会对生态环境的可持续利用带来不利影响(Yao等,2000;Bossio等,2005;任瑞霞等,2007;Rahman等,2008;Xue等,2008;Yu等,2012)。此外,Xue等(2008)通过对比不同利用方式和不同种植年限的茶园得出,利用方式对土壤微生物群落结构变化的影响要大于利用年限的影响。

五、水田土地利用变化对土壤性质影响的相关研究

1. 土壤理化性质的变化

水田改旱作并永久地转变为蔬菜地、旱地和林地后,人为调控的水分状况消失或基本消失,均衡的温度状况也不复存在,土壤水分和温度状况将主要受周围自然条件的控制。水田改旱作后,原水稻土耕层和犁底层的上部水分饱和状态消失,耕作层上部不再具有"糊泥化"的特点。一些学者对水田改旱后土壤性质的变化进行的研究表明,水田改旱作后由于缺少地表灌溉水的补给,土壤地下水位下降;表层和亚表层土壤结构体逐渐由团粒状和团块状结构向块状结构转化,心土层土壤结构体由块状和棱块状向大块状和大棱块状转化;土壤剖面各发生层坚实度和容重整体呈增加趋势;土壤颜色呈现逐渐变淡的趋势,灰度减弱(方利平等,2006;章明奎等,2012;章明奎和杨东伟,2013)。

水田改旱作后,土壤水分和温度状况等成土条件的变化将显著影响土壤中有机质的分解与合成,以及土壤中各种养分元素的转变。一些研究表明,水田土壤比旱地土壤更具有固碳能力,水田土壤有机碳常常明显高于旱地土壤(Cai,1996;潘根兴等,2002;Sahrawat,2004;Pan等,2004;李辉信等,2004;许泉等,2006;黄山等,2009)。Nishimura等(2008)研究表明,水田中碳素是不断积累的,而改旱后的土壤中碳素是明显损失的,水改旱导致土壤固碳能力减弱,土壤中碳素含量显著降低。李志鹏等(2007)研究表明稻田土壤改种玉米3年后,耕层土壤有机碳明显下降,土壤溶解有机碳和微生物生物量碳都有增加的趋势。有研究表明,水田转变为菜地、旱地和林地后,土壤向酸性方向发展,土壤有机质降低(黄锦法等,2003;王辉等,2006;张健等,2007;韩书成等,2007)。由于水田改旱作后,人为滞水水分状况的消失,土壤处于好气状态,通气性增强,土壤微生物对有机质的分解速度加快以及进入土壤的植物残体减少,导致土壤有机质的降低(章明奎等,2012)。水田改种蔬菜后,土壤耕层全磷、有效磷、缓效钾和有效钾等养分含量大幅度增加(黄锦法等,2003;李辉信等,2004);水田变为未利用地、蔬菜地和林地以后,土壤全氮有所降低,但速效氮和速效磷呈增加趋势(张健等,2007;韩书成等,2007)。Cao等(2004)通过对浙江省嘉兴市长期(20年)定点研究表明,水田改菜

地后 10 年间土壤 pH 值下降 0.9 个单位,土壤中硝态氮和有效磷大量积累,并且可能带来地下水富营养化的风险。

2. 土壤微生物学特性的变化

水田改旱作并长期转变为蔬菜地、旱地和林地后,土壤水分和温度状况等成土条件的改变将显著影响土壤中的化学与生物学过程。稻麦轮作田改菜地后土壤微生物量和活性明显下降(尹睿等,2004)。李忠佩等(2007)研究表明,水田中土壤微生物生物量碳、生物量氮和土壤呼吸强度高于园地,水田改为菜地后土壤微生物生物量碳、生物量氮和土壤呼吸强度均下降 40% 以上。刘守龙等(2003,2006)研究发现稻田土壤微生物生物量碳、生物量氮、生物量磷和微生物商明显高于旱作土壤。水田与旱地土壤中微生物群落结构多样性和基因多样性都存在较大差异(Yao 等,2000;Bossio 等,2005;任瑞霞等,2007)。

3. 土壤发生学性质的变化

水田改旱作后,土壤干湿交替状况改变,土壤在长期的好氧环境下,先前水稻土的某些土壤特征(特别是氧化还原形态特征)不再稳定,土壤中的铁、锰氧化物逐渐老化,最终将影响土壤的微形态和土壤的形态特征,水耕表层和水耕氧化还原层的特征将逐渐改变或消退(方利平和章明奎,2006)。水田改旱作后,土壤水分、温度状况等成土条件的改变将显著影响土壤中物质的淋溶和迁移的强度以及土壤中的化学与生物学过程,土壤中铁、锰结晶与活化过程将随之发生变化。水改旱 5 年后,土壤中活性铁含量明显降低,而土壤游离铁含量变化不明显(Takahashi 等,1999)。水田改旱作后,土壤表层铁锈根孔、鳝血斑数量明显减少,甚至消失;土壤表层无定形铁、铁的活化度、络合态铁和水溶性铁显著下降,而游离铁和全铁变化幅度较小;水耕氧化还原层各指标的变化都不明显(方利平和章明奎,2006;章明奎和杨东伟,2013;杨东伟等,2014)。

六、需要进一步研究的问题

近年来,关于乡村土地利用方式变化对土壤性质的影响已经开展了很多研究,但以下方面问题仍有待进一步研究。

1. 乡村旅游目的地土地利用方式变化后土壤理化性质的变化

水田改旱作后土壤质量随着时间的长期演变规律,水改旱对土壤环境、水体富营养化及温室气体排放的影响,如何将水改旱对环境的影响进一步量化(如确定水田改旱作后单位面积土壤中 CH_4、N_2O、CO_2 等温室气体排放量的变化规律),还需要进一步深入研究。

2. 乡村旅游目的地土地利用方式变化后土壤微生物学特性的变化

关于土壤微生物多样性等微生物学性质对土地利用方式和环境因子变化的响应及动态变化过程方面缺乏系统研究,从而影响生态环境保护和土地可持续利用的正确评价。土壤环境因子发生变化后,土壤微生物种类、结构和基因多样性的变化,不同微生物对不同元素(环境因子)生态过程的相关功能,及土壤中添加的有机物料的生物有效性方面都是值得进一步深入研究的问题。

3. 乡村旅游目的地土地利用方式变化后铁、锰氧化物形态及组成的变化

水田改旱作后,土壤形态特征及铁、锰氧化物组成发生明显变化,土壤新生体结构和形态等特性发生改变。这些变化具有重要的发生学及环境意义,因而有必要对其进行深入研究。

4. 乡村旅游目的地土地利用方式变化后土壤分类地位的变化

有关水田改旱作不同年限后土壤发生学性质的研究很少开展,特别是针对水稻土改旱不同年限后土壤类型演化的研究至今尚未系统开展,从而影响了水田改旱作后土壤的正确分类。此外,适合旱作的水耕人为土的类型、水改旱土壤的培育方式以及水改旱土壤的可持续性等方面还需要进一步深入研究。

第二章　乡村旅游目的地耕层土壤理化性质的变化

　　近二十多年来,随着种植业结构的调整、休闲农业和乡村旅游的发展,我国大面积的水田改种经济作物,以南方地区最为普遍。土地利用方式变化是影响土壤质量最普遍、最直接、最深刻的因素(张玉斌等,2009),它能够影响土壤的水分管理、养分管理和耕作方式,从而引起土壤物质循环和物质迁移的变化(章明奎和杨东伟,2013)。水田改旱作后,促进土壤水耕熟化的人为滞水水分状况消失,土壤灌溉、施肥、耕作等管理方式发生改变,这对土壤(特别是受人为扰动影响较大的耕层土壤)性质产生显著影响(章明奎和杨东伟,2013)。以往一些研究主要对比了水田和旱地土壤理化性质的差异(黄锦法等,2003;李辉信等,2004;张华勇等,2005;张健等,2007),而在乡村旅游目的地水田改旱作后理化性质和养分的演变规律方面尚缺乏系统研究。本章以浙江水网平原为研究区,在农旅融合背景下选取乡村旅游目的地典型水稻土及其改旱作后的系列耕层土壤为研究对象,采用时空互代法,研究乡村旅游目的地水田改旱作后,耕层土壤理化性质和养分的演变规律,希望为促进农业土壤(地)资源的可持续利用提供理论依据。

第一节　材料与方法

一、研究区域概况

1. 地理概况

　　浙江省位于 118°—123°E,27°—31°30′N,地处中国东南沿海长江三角洲南翼。东西与南北的直线距离约为 450 km,陆域面积 10.53 万 km²,其中丘陵山地占 71.6%,平原占 22.0%,河湖水面占 6.4%,有"七山一水二分田"之称。在海域面积中,浅海陆架海域面积 22 万 km²,其中面积大于 500 m² 的岛屿有 2251 个,约占全国岛屿总数的 1/3(浙江省土壤普查办公室,1994)。

2. 地貌类型

浙江省地貌复杂,地势自西南向东北呈阶梯状倾斜。根据形态成因,浙江省地貌类型可划分为陆地地貌(包括山地和平原两部分)和海岸地貌,共有6个一级区,即浙北平原区、浙西山地丘陵区、浙中丘陵盆地区、浙东盆地低山区、浙南中山区和东部丘陵岛屿平原区。本研究中,腐心青紫泥田改旱系列土壤、青粉泥田改旱系列土壤和小粉泥田改旱系列土壤剖面采自杭嘉湖平原,隶属于浙北平原区;青紫泥田改旱系列土壤和粉泥田改旱系列耕层土壤采自宁绍河网平原,亦隶属于浙北平原区;黄泥砂田改旱系列土壤采自浙江中部金衢盆地,隶属浙中丘陵盆地区。

浙北平原区是浙江省面积最大的平原区,该区地势平坦,河浜荡漾密布,地面海拔一般小于10 m,平均为3～4 m。在广大的平原上,散布着海拔在50～200 m以下的丘陵。杭嘉湖平原水网密度为2.6～3.8 km·km^{-2},宁绍平原为2.4 km·km^{-2}。浙中丘陵盆地区内盆地面积大而集中;金衢盆地由南西向北东延伸,长达220 km,南北宽10～20 km,面积约为3557 km^2,是浙江省面积最大的盆地(浙江省土壤普查办公室,1994)。

3. 成土环境与母质

成土母质是土壤的物质基础,对土壤性质及其发育等有着深刻影响。浙江省土壤成土母质主要有两大类:残坡积母质类,主要是各类自行土的母质类;再积母质类,主要是平原、谷地中各种水成土的母质。腐心青紫泥田主要分布在嘉兴市郊区和嘉善县北部,起源于湖沼相淤积物,土体深度1 m以上(嘉兴市土壤志编辑委员会,1991)。青紫泥田主要分布在浙江省杭嘉湖、宁绍水网平原中部地势稍低处,一般海拔3～3.5 m,主要起源于湖海相沉积物,经过长期淹水种稻,培育成水稻土(章明奎等,2000)。青粉泥田主要分布在浙江省境内水网平原与滨海平原过渡地带的低洼地段,海拔3～4 m,主要起源于湖海相沉积物,经过长期淹水种稻,培育成水稻土(章明奎等,2000)。小粉泥田集中分布在杭州和绍兴水网平原内,起源于河海相沉积物,经过淹水种稻,形成水稻土,土体厚达1 m以上(章明奎等,2000)。粉泥田主要分布在浙江省境内水网平原与滨海平原的过渡地带,起源于浅海沉积物,经淹水种稻,形成水稻土,土体在1 m以上(章明奎等,2000)。黄泥砂田主要分布在浙江省境内低山、丘陵的山坞,起源于黄壤和红壤的坡积物,经过淹水种稻,耕作培肥形成水稻土,土体厚度在1 m左右(章明奎等,2000)。

4. 气候

浙江省属于典型的亚热带季风气候,冬夏季风交替明显,四季分明,气温适中,雨水丰沛,日照充足,具有春湿、夏热、秋燥、冬冷的特点,平均气温为15.0～18.1 ℃,≥10 ℃的积温为5200～5700 ℃,全省各地总辐射量在101～114 kcal·

cm^{-2},日照总时数在 1800～2100 h 之间,历年平均降水量为 1060～2000 mm,降水量因季节分布不均,降水量的空间分布规律是沿海少于内陆,平原少于山地,由西南向东北递减。全省年蒸发量为 800～1200 mm,年均相对湿度为 75%～80%,全省绝大多数地区的干湿指数值在 0.5～1.00 之间,属丰水湿润区。金衢盆地和浙北平原日照百分率大于 45%,历年平均降水量为 1060～2000 mm,年均气温在 15.0～17.7 ℃(余姚市土壤普查办公室,1987;嘉兴市土壤志编辑委员会,1991;浙江省绍兴市农业局,1991;杭州市土壤普查办公室,1991;衢州市农业局,1994;浙江省土壤普查办公室,1994;章明奎等,2000)。

5. 植被

浙江省地处中亚热带常绿阔叶林地带,植被类型多样,植物资源丰富,全省维管束植物有 3500 余种。自然植被以亚热带常绿阔叶林为主,也分布有亚热带针叶林、落叶阔叶林、常绿落叶阔叶混交林、竹林、灌草丛、水生植物群等。农业土壤以人工栽培麦、稻、油菜、棉、麻、瓜、菜等类农作物为主,其中水田面积常年占粮食播种面积的 70% 以上,很多耕地为水旱轮作,种植制度一般为一年两熟或三熟(浙江省土壤普查办公室,1994;浙江省统计局,2012)。

6. 人为活动

人为活动是影响土壤发生、发育的重要因子。由于人工搬运、耕作、施肥、灌溉等活动,原有土壤的形成过程可以被加速或阻滞甚至逆转(龚子同,2014),因而人为活动作为一个重要的成土因素,在土壤性质演变中的作用日益为人们所重视。"农业+旅游"已逐渐成为浙江农村地区发展的新思路,研究区域一些农村大力发展乡村农业旅游,为迎合游客的观赏、游玩、采摘等需求,将一些水田改种果树、花卉、苗圃等具有观赏价值的经济作物,建设乡村旅游设施。水稻土是在种植水稻等耕作制度和频繁的人为管理措施影响下形成的,受到了深刻的人为影响。水田利用方式改变后,人为活动主导下的土壤灌溉和耕作制度发生明显变化,这对土壤性状产生了显著影响。

二、供试土壤

1. 采样情况

2012 年 6 月下旬至 10 月中旬,我们选择并采集 4 个系列的耕层土壤,分别为腐心青紫泥田改旱系列耕层土壤(QY)、青紫泥田改旱系列耕层土壤(TS)、青粉泥田改旱系列耕层土壤(TJ)和粉泥田改旱系列耕层土壤(JY),共 67 个土样,将水田改种葡萄树、香樟树、桃树和梨树,发展乡村旅游和休闲农业。每个系列土壤样品的采集范围限定在 30.0 hm^2 内,耕层土壤采集工作都在两天内完成。建立的 4

个系列土壤的采集与背景信息如下。

(1) 腐心青紫泥田改旱系列耕层土壤(QY)。

此系列土壤采集于 2012 年 10 月中旬,采样地点为嘉兴市南湖区大桥镇江南村,位于 $30°44'47''$—$30°45'4''$N 和 $120°51'44''$—$120°52'10''$E,共采集 18 个耕层土壤样本(对应 18 个田块),其中水田土壤样本 4 个,旱地土壤样本 14 个,采集的旱地土壤在改旱前均为水田。依据第二次土壤普查资料,该系列中长期种植水稻的土壤在发生分类中均属于水稻土土类,脱潜潴育型水稻土亚类,青紫泥田土属,腐心青紫泥田土种(嘉兴市土壤志编辑委员会,1991)。水田与旱地位置相邻,旱作土壤目前种植葡萄树(改旱作年限为 4~25 年)。

(2) 青紫泥田改旱系列耕层土壤(TS)。

此系列土壤采集于 2012 年 8 月下旬,采样地点为绍兴市柯桥区福全街道赵家畈村,位于 $29°58'27''$—$29°58'41''$N 和 $120°29'22''$—$120°29'40''$E,共采集 13 个耕层土壤样本(对应 13 个田块),其中水田土壤样本 2 个,旱地土壤样本 11 个。依据第二次土壤普查资料,该系列中长期种植水稻的土壤在发生分类中属于水稻土土类,脱潜潴育型水稻土亚类,青紫泥田土属,青紫泥田土种(浙江省绍兴市农业局,1991)。水田与旱地位置相邻,旱作土壤目前种植香樟树(改旱作年限为 2~19 年,其中样点 TS-10、TS-11、TS-12 和 TS-13 种植了第二茬香樟树)。

(3) 青粉泥田改旱系列耕层土壤(TJ)。

此系列土壤采集于 2012 年 9 月上旬,采样地点为杭州市余杭区瓶窑镇窑北村,位于 $30°24'21''$—$30°24'27''$N,$119°56'15''$—$119°56'26''$E,共采集 18 个耕层土壤样本(对应 18 个田块),其中水田土壤样本 2 个,旱地土壤样本 16 个。依据第二次土壤普查资料,该系列中长期种植水稻的土壤在发生分类中属于脱潜潴育型水稻土亚类,青粉泥田土属,青粉泥田土种(杭州市土壤普查办公室,1991)。水田与旱地位置相邻,旱作土壤目前种植桃树(改旱作年限为 4~19 年)。

(4) 粉泥田改旱系列耕层土壤(JY)。

此系列土壤采集于 2012 年 6 月下旬,采样地点为浙江省宁波市余姚市黄家埠镇上塘村,位于 $30°7'13''$—$30°7'25''$N 和 $120°56'25''$—$120°56'40''$E,共采集 18 个耕层土壤样本(对应 18 个田块),其中水田土壤样本 3 个,旱地土壤样本 15 个。依据第二次土壤普查资料,该系列中长期种植水稻的土壤在发生分类中属于潴育型水稻土亚类,粉泥田土属,粉泥田土种(余姚市土壤普查办公室,1987)。水田与旱地位置相邻,旱作土壤目前种植梨树(改旱作年限为 4~20 年)。

本书中,乡村旅游目的地水田与其改旱作后土壤的土地管理方式存在一定差异,旱作土壤较水田施肥量大、灌溉量小;同一系列改旱后土壤灌溉、施肥等管理方式相似。通过对比供试土壤施肥状况和肥力状况发现,青紫泥田改旱后土壤

(樟树林土壤)肥力较低,青粉泥田和粉泥田改旱后土壤(桃园和梨园土壤)肥力中等,腐心青紫泥田改旱后土壤(葡萄园土壤)肥力相对较高。具体施肥量信息详见表 2.1。

2. 样品采集与处理

水田耕层土壤样品采集时,水稻接近收获期。每一样品采用梅花样采样法由多点采样混合而成,一般不少于 5 个点,采集深度为 0~15 cm。将采集的土壤样品置于塑料袋中,用冰块冷藏带回实验室,去除可见的根系及动植物残体和石块,混匀分成三份:第一份原状土壤沿自然破碎面轻轻将大块掰开,自然风干,测定土壤水稳定性团聚体,余下部分分别过 2 mm、1 mm 和 0.15 mm 孔径筛,测定其他理化指标及土壤酶活性;第二份新鲜土样带回实验室后过 2 mm 孔径筛,放 4 ℃冰箱,对于同一系列土壤一周内完成土壤微生物生物量和土壤呼吸强度等指标测定;第三份土样冷冻干燥,放−80 ℃冰箱保存,用于测定土壤微生物磷脂脂肪酸含量和土壤微生物 DNA 的提取。

3. 研究方法

(1) 自然含水量:烘干法。

(2) 土壤 pH 值的测定:电位法(土液比 1∶2.5 水浸提)。

(3) 土壤颗粒组成:吸管法,质地采用国际制。

(4) 水稳定性团聚体:湿筛法。

(5) 土壤阳离子交换量和交换性盐基:乙酸铵交换法、原子吸收光谱法。

(6) 有机质:重铬酸钾-硫酸外加热法。

(7) 全氮:凯氏定氮法。

(8) 碱解氮:碱解扩散法。

(9) 全磷:NaOH 熔融-钼锑抗比色法。

(10) 速效磷:$0.05 \ mol \cdot L^{-1}$ HCl 和 $0.0125 \ mol \ L^{-1}$ H_2SO_4 提取-钼锑抗比色法。

(11) 全钾:NaOH 熔融-火焰光度法。

(12) 速效钾:NH_4OAc 浸提-光焰光度计法。

以上指标详细测定步骤参见文献(鲁如坤,2000)。

4. 统计分析

采用 Microsoft Excel 2003 软件处理数据,Origin 8.0 制图。采用 SPSS 17.0 软件进行主成分分析,差异显著性分析采用 LSD 法,相关性分析采用 Pearson 法。

表 2.1 水田及其改旱作土壤施肥量的差异

土壤系列	土壤类型	利用方式	植被	尿素	过磷酸钙	氯化钾	复合肥	鸡粪	菜籽饼	生石灰
腐心青紫泥田系列土壤	腐心青紫泥田	水田	单季稻	12~20	25~35	10~15	10~20	—	—	—
	改旱前为腐心青紫泥田	果园	葡萄树	35~45	70~80	30~45	70~90	2000~3000	400~700	30~40
青紫泥田改旱系列土壤	青紫泥田	水田	单季稻	12~20	25~35	10~15	10~20	—	—	—
	改旱前为青紫泥田	林地	香樟树	10~20	35~45	10~15	45~55	800~1200	—	—
青粉泥田改旱系列土壤	青粉泥田	水田	单季稻	12~20	25~35	10~15	10~20	—	—	—
	改旱前为青粉泥田	果园	桃树	18~25	60~70	25~35	60~80	1300~1800	—	—
粉泥田改旱系列土壤	粉泥田	水田	双季稻	20~35	40~55	20~25	20~35	—	—	—
	改旱前为粉泥田	果园	梨树	25~35	50~60	25~35	60~80	1800~2500	—	—

注:—表示"无";施肥量的单位为 kg·667 m^{-2}。

第二节 结果与分析

一、乡村旅游目的地土地利用方式变化后土壤物理性质的变化

1. 水分条件

人为滞水土壤水分状况就是在水耕条件下,由于缓透水犁底层的存在,耕层被灌溉水饱和的水分状况(中国科学院南京土壤研究所土壤分类课题组,2001)。本书中,腐心青紫泥田、青紫泥田、青粉泥田和粉泥田长期种植水稻,在水稻生长期间进行人为灌溉和排水管理,土壤水分状况属于人为滞水土壤水分状况。腐心青紫泥田改旱作后种植葡萄树,灌溉方式以滴灌为主、沟灌为辅;青紫泥田改旱作后种植香樟树,基本不灌溉,采用排水沟排除降雨的地表径流;青粉泥田和粉泥田改旱作后分别种植桃树和梨树,灌溉方式主要以沟灌为主。水田改旱作后,人为滞水土壤水分状况消失,耕层土壤不再出现被灌溉水饱和的情况,土壤水分状况逐渐向湿润土壤水分状况和潮湿土壤水分状况转变。研究表明,水田自然含水量明显高于改旱后土壤;水田改旱作后,4个水改旱系列耕层自然含水量最高降幅都达到 50% 以上。

水改旱系列耕层土壤物理性质、化学性质及养分含量分别如表 2.2、表 2.3 所示。耕层土壤理化性质与改旱年限相关系数如表 2.4 所示。

表 2.2 水改旱系列耕层土壤物理性质

土壤系列	样品号	改旱时间/a	自然含水量/(%,干基)	>0.25 mm 水稳性团聚体/(%)	湿筛破坏率/(%)	土壤颗粒组成/(国际制,mg·kg^{-1})		
						黏粒(<0.002 mm)	粉粒0.002~0.02 mm	砂粒0.02~2 mm
腐心青紫泥田改旱系列	QY-1	0	51.51	90.79	4.41	313.22	451.03	235.75
	QY-2	0	40.66	87.45	7.73	315.23	462.17	222.60
	QY-3	0	33.55	87.87	10.15	310.42	454.26	235.32
	QY-4	0	37.03	79.52	15.83	298.55	468.08	233.37
	QY-5	4	29.20	74.58	24.13	314.40	457.16	228.44
	QY-6	6	31.19	72.07	25.55	315.30	458.18	226.52
	QY-7	7	40.42	64.40	33.79	317.08	452.57	230.35

续表

土壤系列	样品号	改旱时间/a	自然含水量/(%，干基)	>0.25 mm水稳性团聚体/(%)	湿筛破坏率/(%)	土壤颗粒组成/(国际制,mg·kg⁻¹)		
						黏粒(<0.002 mm)	粉粒0.002~0.02 mm	砂粒0.02~2 mm
腐心青紫泥田改旱系列	QY-8	12	24.09	70.19	28.41	308.17	448.58	243.25
	QY-9	13	26.27	57.52	35.10	317.52	458.73	223.75
	QY-10	13	28.64	69.34	28.72	314.72	447.12	238.16
	QY-11	13	24.63	57.83	40.21	318.74	459.81	221.45
	QY-12	15	26.88	71.65	15.38	314.67	454.50	230.83
	QY-13	15	23.54	58.89	34.84	316.94	463.43	219.63
	QY-14	15	30.13	53.67	26.85	324.56	447.47	227.97
	QY-15	15	30.92	75.52	22.92	315.86	459.04	225.10
	QY-16	15	33.28	65.37	33.35	319.87	446.53	233.60
	QY-17	19	29.60	65.01	32.65	324.83	449.58	225.59
	QY-18	25	28.16	60.96	18.95	314.52	460.25	225.23
青紫泥田改旱系列	TS-1	0	59.19	88.03	10.18	293.73	334.47	371.80
	TS-2	0	54.72	85.33	12.67	308.22	329.82	361.96
	TS-3	2	35.77	78.14	14.36	296.16	327.80	376.04
	TS-4	2	29.89	77.31	22.22	297.87	326.73	375.40
	TS-5	2	38.69	79.39	16.78	303.02	336.16	360.82
	TS-6	5	27.48	83.13	14.21	306.38	334.13	359.49
	TS-7	7	25.78	84.01	15.40	301.69	340.36	357.95
	TS-8	8	33.93	78.32	18.25	307.47	342.87	349.66
	TS-9	9	30.17	82.36	14.30	297.49	346.86	355.65
	TS-10	12	25.63	79.29	17.94	295.23	349.48	355.29
	TS-11	15	26.90	67.48	30.80	307.32	338.08	354.60
	TS-12	17	22.20	79.46	16.26	318.18	339.03	342.79
	TS-13	19	21.61	72.78	22.57	309.57	344.22	346.21

续表

土壤系列	样品号	改旱时间/a	自然含水量/(%，干基)	>0.25 mm 水稳性团聚体/(%)	湿筛破坏率/(%)	土壤颗粒组成/(国际制,mg·kg^{-1})		
						黏粒(<0.002 mm)	粉粒 0.002~0.02 mm	砂粒 0.02~2 mm
青粉泥田改旱系列	TJ-1	0	76.10	70.61	18.41	230.42	427.78	341.80
	TJ-2	0	76.30	74.27	19.20	228.13	435.37	336.50
	TJ-3	4	37.90	73.45	22.52	232.22	430.79	336.99
	TJ-4	6	33.72	52.87	45.35	235.61	432.68	331.71
	TJ-5	11	32.10	62.43	36.79	231.76	437.37	330.87
	TJ-6	12	32.35	66.68	31.22	232.16	440.48	327.36
	TJ-7	12	27.98	50.23	48.54	229.18	443.92	326.90
	TJ-8	12	31.06	48.67	44.43	227.18	445.68	327.14
	TJ-9	14	27.47	52.31	45.47	228.27	443.02	328.71
	TJ-10	14	25.90	52.15	46.23	239.38	432.08	328.54
	TJ-11	14	29.44	54.30	39.96	232.29	435.37	332.34
	TJ-12	15	38.23	64.72	33.79	234.11	433.42	332.47
	TJ-13	16	35.91	50.44	50.07	231.02	441.21	327.77
	TJ-14	17	36.18	46.08	52.97	232.22	443.21	324.57
	TJ-15	17	36.03	51.72	45.44	238.23	431.92	329.85
	TJ-16	17	34.65	56.83	42.27	235.11	432.28	332.61
	TJ-17	18	30.79	59.88	38.81	241.03	427.69	331.28
	TJ-18	19	32.21	53.42	43.77	229.02	443.69	327.29
粉泥田改旱系列	JY-1	0	61.97	70.72	23.30	229.02	506.12	264.86
	JY-2	0	69.79	64.32	30.99	227.81	506.29	265.90
	JY-3	0	63.01	69.76	26.97	230.55	510.63	258.82
	JY-4	4	26.17	68.55	29.47	227.62	517.54	254.84
	JY-5	6	27.25	70.83	28.27	219.63	506.73	273.64
	JY-6	7	25.19	75.46	16.29	241.31	500.32	258.37
	JY-7	8	35.72	61.43	24.75	225.32	513.29	261.39
	JY-8	9	19.68	48.32	51.06	228.32	512.73	258.95

续表

土壤系列	样品号	改旱时间/a	自然含水量/(%，干基)	>0.25 mm 水稳性团聚体/(%)	湿筛破坏率/(%)	土壤颗粒组成/(国际制，mg·kg⁻¹)		
						黏粒(<0.002 mm)	粉粒 0.002~0.02 mm	砂粒 0.02~2 mm
粉泥田改旱系列	JY-9	10	24.84	43.72	52.70	240.70	506.53	252.77
	JY-10	11	27.57	45.57	53.23	228.52	520.63	250.85
	JY-11	12	32.24	54.80	39.71	235.04	518.73	246.23
	JY-12	13	29.26	63.71	32.00	229.91	517.83	252.26
	JY-13	13	20.30	43.24	47.84	239.08	508.76	252.16
	JY-14	15	22.33	40.49	55.50	236.86	506.98	256.16
	JY-15	15	28.32	47.65	48.98	227.18	511.32	261.50
	JY-16	18	24.79	37.84	51.85	231.26	512.39	256.35
	JY-17	20	26.38	48.06	40.08	229.61	517.83	252.56
	JY-18	20	26.81	43.03	56.50	232.30	525.66	242.04

表 2.3 水改旱系列耕层土壤化学性质及养分含量

土壤系列	样品号	pH值	阳离子交换量/(cmol·kg⁻¹)	盐基饱和度/(%)	有机质/(g·kg⁻¹)	全氮/(g·kg⁻¹)	碱解氮/(mg·kg⁻¹)	全磷/(g·kg⁻¹)	有效磷/(mg·kg⁻¹)	全钾/(g·kg⁻¹)	有效钾/(mg·kg⁻¹)
腐心青紫泥田改旱系列耕层土壤	QY-1	6.60	22.07	54.63	47.96	2.55	201.36	0.68	16.41	15.10	265.94
	QY-2	6.57	20.50	53.72	39.37	2.20	172.41	0.67	14.55	15.12	154.95
	QY-3	6.62	20.90	55.63	35.58	2.55	173.00	0.80	13.11	16.70	200.14
	QY-4	6.36	20.54	53.56	43.02	1.90	171.19	0.74	18.43	16.37	177.68
	QY-5	5.74	25.50	43.39	29.13	1.82	144.69	1.17	62.34	16.64	341.99
	QY-6	6.22	25.47	46.36	31.49	1.91	156.95	1.52	145.17	17.65	374.20
	QY-7	5.62	24.53	43.21	34.98	1.94	167.70	2.02	141.93	16.89	341.43
	QY-8	6.11	21.46	49.65	33.02	1.90	163.35	1.71	179.62	16.38	346.28
	QY-9	5.43	22.34	48.62	30.54	1.97	139.90	1.82	172.82	17.46	427.77
	QY-10	6.75	18.87	59.24	21.32	1.61	109.54	1.55	189.46	16.38	520.94
	QY-11	6.85	18.58	58.72	21.08	1.69	100.36	1.75	206.57	16.65	606.47

续表

土壤系列	样品号	pH值	阳离子交换量/(cmol·kg⁻¹)	盐基饱和度/(%)	有机质/(g·kg⁻¹)	全氮/(g·kg⁻¹)	碱解氮/(mg·kg⁻¹)	全磷/(g·kg⁻¹)	有效磷/(mg·kg⁻¹)	全钾/(g·kg⁻¹)	有效钾/(mg·kg⁻¹)
腐心青紫泥田改旱系列耕层土壤	QY-12	4.45	26.51	46.75	35.74	1.81	160.84	3.05	231.66	16.48	695.97
	QY-13	6.12	24.30	52.73	33.19	1.80	163.03	3.26	262.67	17.55	711.44
	QY-14	5.60	24.83	52.69	36.36	2.25	167.13	3.10	230.84	18.81	996.32
	QY-15	5.00	28.10	47.20	36.58	1.81	165.21	3.27	233.96	18.61	701.41
	QY-16	5.50	23.96	50.29	33.39	1.77	152.09	3.19	231.07	17.38	941.26
	QY-17	6.16	24.61	49.25	34.04	2.06	165.84	3.30	221.90	16.81	779.06
	QY-18	5.67	27.60	44.84	34.92	2.01	168.51	3.29	278.05	18.40	803.52
青紫泥田改旱系列耕层土壤	TS-1	5.87	22.07	52.98	47.17	2.63	241.84	0.69	10.52	14.62	80.77
	TS-2	6.03	22.22	53.46	46.50	2.62	256.74	0.72	11.85	15.16	88.31
	TS-3	5.44	17.68	43.08	35.83	2.08	201.19	0.66	14.58	16.40	110.18
	TS-4	5.42	18.07	44.50	35.13	2.08	192.28	0.69	15.58	16.49	110.88
	TS-5	5.28	19.66	54.51	36.18	2.03	203.78	0.69	14.00	16.56	94.25
	TS-6	5.28	19.73	48.48	34.25	2.01	200.01	0.62	14.51	14.70	101.07
	TS-7	4.92	20.00	51.59	38.21	2.21	228.86	0.62	20.71	15.11	51.33
	TS-8	4.95	18.70	40.11	43.33	2.51	245.65	0.50	26.37	16.46	55.51
	TS-9	5.35	19.71	46.54	32.31	2.02	191.93	0.53	20.14	16.81	55.42
	TS-10	5.09	18.70	48.20	31.59	2.01	181.78	0.56	22.80	16.42	44.79
	TS-11	5.07	23.78	38.44	23.99	2.08	180.93	0.55	27.37	16.75	52.54
	TS-12	4.80	23.55	40.88	30.67	1.56	178.05	0.85	50.60	17.12	66.96
	TS-13	4.55	19.09	39.43	27.32	1.64	162.20	0.86	70.77	17.86	68.29
青粉泥田改旱系列耕层土壤	TJ-1	5.49	11.10	52.34	36.60	2.11	157.77	0.52	17.09	12.71	40.13
	TJ-2	5.82	11.15	51.37	40.92	2.53	194.34	0.52	18.64	14.40	57.62
	TJ-3	4.87	11.10	38.78	29.75	1.94	146.96	1.19	40.06	15.13	73.02
	TJ-4	4.84	11.90	38.57	25.62	1.83	125.39	0.57	42.31	15.28	192.52
	TJ-5	4.84	15.40	30.70	25.11	1.78	125.94	0.82	90.50	10.94	207.05
	TJ-6	4.85	16.27	32.11	26.24	1.96	132.81	0.98	162.78	12.78	176.74
	TJ-7	5.08	14.12	42.72	24.49	1.19	107.09	0.99	259.17	12.64	157.58
	TJ-8	5.22	15.76	42.33	29.70	1.72	121.41	1.02	333.15	11.48	237.27

续表

土壤系列	样品号	pH值	阳离子交换量/(cmol·kg⁻¹)	盐基饱和度/(%)	有机质/(g·kg⁻¹)	全氮/(g·kg⁻¹)	碱解氮/(mg·kg⁻¹)	全磷/(g·kg⁻¹)	有效磷/(mg·kg⁻¹)	全钾/(g·kg⁻¹)	有效钾/(mg·kg⁻¹)
青粉泥田改旱系列耕层土壤	TJ-9	5.07	12.08	26.97	20.39	1.62	102.71	0.70	109.15	12.98	127.59
	TJ-10	5.17	11.35	46.84	25.38	1.32	86.87	1.10	194.26	13.81	231.68
	TJ-11	5.29	13.93	42.41	18.43	1.24	93.58	1.10	290.56	13.31	117.54
	TJ-12	5.00	11.39	35.52	26.65	1.55	130.95	1.03	166.68	16.31	193.54
	TJ-13	4.96	10.29	42.38	23.71	1.58	120.55	0.78	178.83	18.42	195.46
	TJ-14	4.77	13.45	32.62	29.03	1.72	129.48	1.08	285.52	16.88	279.92
	TJ-15	4.30	12.64	28.33	25.58	1.66	113.98	1.54	370.55	16.48	287.72
	TJ-16	5.08	10.95	46.94	26.73	1.61	133.69	1.46	370.79	17.86	157.89
	TJ-17	5.03	13.01	40.17	22.30	1.51	121.65	1.22	309.83	12.95	234.63
	TJ-18	4.82	12.20	33.87	23.60	1.50	111.41	1.11	345.98	16.17	195.87
粉泥田改旱系列耕层土壤	JY-1	5.60	14.95	46.69	33.57	2.34	221.87	0.73	35.73	14.86	88.49
	JY-2	5.43	14.77	53.70	37.57	2.42	230.54	0.85	49.90	17.00	107.72
	JY-3	5.49	16.09	50.59	31.37	2.38	208.28	0.86	42.54	16.00	138.82
	JY-4	4.50	18.17	30.04	30.82	1.30	171.42	0.90	120.38	17.31	131.84
	JY-5	4.78	17.42	41.22	27.56	1.11	166.56	0.81	132.15	17.21	117.94
	JY-6	4.84	14.94	41.74	17.27	1.53	177.26	0.68	173.89	20.40	77.29
	JY-7	4.33	16.17	39.30	27.14	1.60	177.07	1.13	314.90	20.78	189.62
	JY-8	4.94	13.80	35.62	26.11	1.57	188.71	0.66	449.79	16.43	122.89
	JY-9	4.72	13.70	27.35	20.76	1.72	148.40	1.60	318.26	17.84	175.82
	JY-10	4.59	13.90	44.73	21.99	0.85	137.32	0.91	196.09	16.20	184.52
	JY-11	4.07	14.14	30.43	18.31	0.67	121.86	1.34	394.92	20.43	196.72
	JY-12	4.11	16.46	26.32	18.76	0.97	142.91	1.06	291.62	21.00	103.53
	JY-13	4.35	15.57	35.56	18.55	0.86	132.68	1.24	393.31	21.99	254.60
	JY-14	4.91	13.56	25.19	20.55	0.61	110.43	0.90	322.40	20.10	120.09
	JY-15	4.32	12.11	25.19	11.49	0.61	110.17	0.90	327.79	19.37	203.89
	JY-16	4.14	18.79	24.71	17.57	1.20	119.92	2.20	563.64	21.65	211.94
	JY-17	4.07	14.71	24.69	15.27	0.77	114.96	1.61	423.68	20.69	250.00
	JY-18	4.14	17.20	21.70	19.97	0.76	134.05	1.34	476.04	20.50	251.53

注:全磷和有效磷以P计,全钾和有效钾以K计。

表 2.4　耕层土壤理化性质与改旱年限相关系数

土壤系列	>0.25 mm 水稳性团聚体	湿筛破坏率	pH值	有机质	阳离子交换量	盐基饱和度	全氮	碱解氮	全磷	有效磷	全钾	有效钾
腐心青紫泥田改旱系列土壤 ($n_1=18$)	−0.55*	0.77**	−0.45	−0.39	−0.46	−0.23	−0.45	−0.29	0.89**	0.94**	0.65**	0.81**
青紫泥田改旱系列土壤 ($n_2=13$)	−0.63**	0.58*	−0.84**	−0.77**	0.50	−0.70**	−0.71**	−0.70**	0.19	0.75**	0.69**	−0.65*
青粉泥田改旱系列土壤 ($n_3=18$)	−0.69**	0.76**	−0.53*	−0.69**	0.17	−0.49*	−0.72**	−0.69**	0.70**	0.87**	0.20	0.77**
粉泥田改旱系列土壤 ($n_4=18$)	−0.74**	0.73**	−0.82**	−0.85**	0.04	−0.63**	−0.83**	−0.90**	0.63**	0.88**	0.73**	0.72**

注：** 表示 $p<0.01$，* 表示 $p<0.05$。

2. 水稳定性团聚体

土壤团聚体是土壤结构的基本单元，是土壤中物质和能量转化及代谢的场所，土壤团聚体的稳定性对土壤肥力、质量和土壤的可持续利用等有重要影响(胡国成等，2000；文倩等，2004)。水田改旱作后，4 个改旱系列耕层土壤>0.25 mm 水稳定性团聚体呈降低趋势，湿筛后耕层土壤团聚体的破坏率呈增加趋势(表 2.2)，并与旱作年限呈显著或极显著相关(表 2.4)。水田和旱地中水稳定性团聚体含量差异的形成原因主要有两方面：一方面，水田中含有较高的有机质等胶结物质,形成具有一定稳定性的土壤结构;另一方面,水田灌溉和晒田的干湿交替过程有利于形成具有一定稳定结构的团聚体(刘晓利等,2008)。本研究中,青紫泥田、青粉泥田和粉泥田改旱系列耕层土壤>0.25 mm水稳定性团聚体和土壤有机质呈极显著正相关,相关性系数分别为 0.78^{**} ($n_1=13$)、0.59^{**} ($n_2=18$)、0.60^{**} ($n_3=18$)。水田改旱作后,不同水改旱系列土壤相比,粉泥田改旱系列耕层土壤>0.25 mm水稳定性团聚体含量降低最明显,这与该系列耕层土壤有机质含量降低较明显有关。腐心青紫泥田改旱土壤中由于施用大量蓖麻饼等有机肥,使得土壤有机质含量降低不明显,而频繁地耕作使土壤团聚体遭到严重破坏,因而该系列土壤有机质含量与>0.25 mm水稳定性团聚体含量相关性未达到显著水平($r=0.33,n=18$)。

3. 颗粒组成

依据国际制土壤质地分类方法,本书中腐心青紫泥田和青紫泥田为壤黏土,青粉泥田和粉泥田分别为壤黏土和粉黏壤土。由表2.2可知,腐心青紫泥田、青紫泥田、青粉泥田和粉泥田改旱系列耕层土壤中黏粒含量分别为 298.55~324.83 mg·kg^{-1},293.73~318.18 mg·kg^{-1},227.18~241.03 mg·kg^{-1}和219.63~241.31 mg·kg^{-1},可见同一水改旱系列耕层土壤黏粒含量比较相似。虽然水耕过程中耕层水串灌和淋淀作用会对土壤黏粒带来一定影响,但土壤颗粒组成主要取决于成土母质,在研究的尺度的范围内(25年内),利用方式的改变对耕层土壤颗粒组成影响不大。

二、乡村旅游目的地土地利用方式变化后土壤化学性质和养分的变化

1. 酸碱度

土壤酸碱度不仅会影响土壤微生物的生长,而且会影响土壤养分的转化及其有效性。腐心青紫泥田、青紫泥田、青粉泥田和粉泥田耕层土壤 pH 值平均值分别为 6.54、5.95、5.66 和 5.51,改旱作后土壤 pH 值平均值分别下降到 5.80、5.10、4.95 和 4.45,青紫泥田、青粉泥田和粉泥田改旱后,耕层土壤 pH 值与旱作年限呈显著或极显著负相关。改旱后耕层土壤酸化的主要原因如下。首先,改旱后土壤长期大量施用化肥,特别是施用氯化钾、过磷酸钙等酸性肥料引起土壤的酸化。其次,水田改旱作后,人为滞水水分状况消失,土壤透气性改善,土壤中大量离子 Mn^{2+}、Fe^{2+}、NO_2^-、NH_4^+-N 等被氧化,以及有机态氮的矿化,会释放出氢离子,使土壤变酸。最后,水田改旱作后,土壤酸碱缓冲体系发生明显的变化,增加了土壤

中盐基物质的迁移,这也在一定程度上加速了土壤的酸化(章明奎等,2012;杨东伟等,2014)。腐心青紫泥田改旱后,耕层土壤 pH 值下降较明显,但波动较大,且与旱作年限未达到显著水平。原因主要是腐心青紫泥田改种葡萄树后,土壤由于施用化肥量较其他系列土壤更大,因而酸化更明显;而葡萄树一般在 pH 值为 5.8～6.5 的环境中生长较好,在酸性过大(pH 值接近 4)的土壤中,生长显著不良;为改良土壤,农户在葡萄园(特别是长期种植葡萄的果园)中施用大量生石灰,以减缓土壤的酸化。

2. 阳离子交换量和盐基饱和度

土壤阳离子交换量是土壤所能吸附和交换的阳离子容量,也即土壤胶体表面的净负电荷总量,是其对 NH_4^+、K^+、Ca^{2+}、Na^+、Mg^{2+} 等阳离子的保持能力。它一方面反映了土壤吸附阳离子的能力和黏粒活性,另一方面代表着土壤保肥力和缓冲能力的大小(赵文君等,1994;陈志城等,1995)。影响阳离子交换量的因素很多,主要有黏土矿物类型、土壤质地及土壤有机质含量。水田改旱作后,耕层土壤阳离子交换量与旱作年限未达到显著相关,这主要是因为影响土壤阳离子交换量的因素较多,但其受环境影响后变化幅度较小,因而其未呈现出明显的变化规律。

土壤胶体上吸附的交换性阳离子主要有两类:一类是致酸离子,如 H^+、Al^{3+},另一类是盐基离子,如 K^+、Ca^{2+}、Na^+、Mg^{2+} 等。本书中,耕层土壤由于受改旱后 pH 值下降等因素的影响,H^+ 等致酸离子增多,盐基饱和度下降,青紫泥田、青粉泥田和粉泥田改旱系列耕层土壤盐基饱和度都随着旱作时间的延长呈现降低趋势,并与改旱作年限呈显著负相关。腐心青紫泥田改旱系列土壤,施用了一定量的生石灰,延缓了土壤的酸化,增加了土壤盐基饱和度,因而土壤盐基饱和度与改旱年限相关性未达到显著。粉泥田改旱作后,土壤 pH 值下降较明显,且未施用生石灰而补充 Ca^{2+},因而与其他水改旱系列耕层土壤相比,该系列土壤盐基饱和度降低最明显。

3. 有机质

青紫泥田、青粉泥田和粉泥田耕层土壤有机质平均含量为 $46.84 \ g \cdot kg^{-1}$、$38.76 \ g \cdot kg^{-1}$ 和 $34.17 \ g \cdot kg^{-1}$,改旱作后,3 个系列耕层土壤有机质平均含量分别降低到 $33.53 \ g \cdot kg^{-1}$、$25.17 \ g \cdot kg^{-1}$ 和 $20.81 \ g \cdot kg^{-1}$,并且 3 个水改旱系列耕层土壤有机质与改旱年限呈极显著负相关。耕层土壤有机质降低的原因主要有以下几方面:水田在淹水条件下,土壤中的好氧微生物活动基本停止,土壤有机物的分解以厌氧分解为主,未分解的有机质慢慢积累,改旱作后人为滞水土壤水分状况消失,土壤处于好气状态,通透性增强,微生物对有机质的分解速度加快;水田淹水条件下,土壤水分条件限制了大气中的氧气向土壤扩散,改旱作后,土壤更加充分地暴露在空气中,加速了土壤有机质的化学氧化;水田改旱作后,植物茎叶、根系等残体进入土壤的数量减少。粉泥田改旱后,由于耕作相对频繁,化肥施用量较大,而有机肥施用量较小,因而与其他水改旱系列土壤相比,该系列土壤有机质含量降低较明显。然而,腐心青紫泥田改旱后,由于长期施用大量有机肥,且地下水位较高,土壤水分含量较高,影响了有机质的分解,随着旱作年限的延长,土壤有机质先降低,后期速率降低放缓,并出现小幅回升,该系列耕层土壤有机质与改旱年限相关性未达到显著水平。

4. 氮素

有机氮是土壤中氮的主要形态,一般占土壤全氮的 98% 以上(韩书成等,2007)。腐心青紫泥田、青紫泥田、青粉泥田和粉泥田耕层土壤全氮平均含量分别为 $2.30 \text{ g} \cdot \text{kg}^{-1}$、$2.63 \text{ g} \cdot \text{kg}^{-1}$、$2.32 \text{ g} \cdot \text{kg}^{-1}$ 和 $2.38 \text{ g} \cdot \text{kg}^{-1}$,改旱作后,4 个系列耕层土壤全氮平均含量分别下降到 $1.88 \text{ g} \cdot \text{kg}^{-1}$、$2.02 \text{ g} \cdot \text{kg}^{-1}$、$1.61 \text{ g} \cdot \text{kg}^{-1}$ 和 $1.08 \text{ g} \cdot \text{kg}^{-1}$,且上述 4 个水改旱系列耕层土壤全氮与有机质呈极显著正相关,相关系数分别为 $r_1 = 0.66^{**}$ $(n_1 = 18)$、$r_2 = 0.84^{**}$ $(n_2 = 13)$、$r_3 = 0.83^{**}$ $(n_3 = 18)$ 和 $r_4 = 0.79^{**}$ $(n_4 = 18)$。青紫泥田、青粉泥田和粉泥田改旱后,土壤全氮含量下降,并与改旱年限呈极显著负相关,原因主要是:水田改旱作后,土壤有机质矿化释放的大量氮素被农作物吸收,随水土流失或进入大气,引起有机氮含量降低,最终引起全氮含量的降低(吴文斌等,2007)。

青紫泥田、青粉泥田和粉泥田耕层土壤碱解氮平均含量分别为 $249.29 \text{ mg} \cdot \text{kg}^{-1}$、$126.06 \text{ mg} \cdot \text{kg}^{-1}$ 和 $220.23 \text{ mg} \cdot \text{kg}^{-1}$,改旱作后,3 个水改旱系列耕层土壤碱解氮平均含量分别降低到 $196.99 \text{ mg} \cdot \text{kg}^{-1}$、$119.03 \text{ mg} \cdot \text{kg}^{-1}$ 和 $143.58 \text{ mg} \cdot \text{kg}^{-1}$,并且 3 个水改旱系列耕层土壤碱解氮含量与改旱年限呈极显著负相关,原因主要是水田在渍水嫌气条件下,土壤有机态氮的矿化过程主要停留在氨化阶段,以铵态氮形态积累,改旱作后土壤硝化作用增强,NH_4^+ 由于被消耗而下降,该过程同时释放出 NO 和 N_2O,造成氮素的损失,反应过程如下:$NH_4^+ \rightarrow NH_2OH \rightarrow NO \rightarrow NO_2^- \rightarrow NO_3^- + N_2O$。粉泥田改旱作后,由于土壤有机质含量降低较其他系列土壤明显,因而土壤全氮和碱解氮含量也比较明显。腐心青紫泥田改旱后,由于施用了大量蓖麻饼和鸡粪等有机肥,因而土壤有机质含量降幅较小,土壤全氮和碱解氮含量降低不明显,与改旱年限相关性未达到显著水平。

5. 磷素

土壤中全磷的变化主要与土壤磷素的输入(以化肥为主),以及磷素的输出(农作物对磷素的吸收及磷素淋失为主)有关。腐心青紫泥田、青粉泥田和粉泥田耕层土壤全磷平均含量分别为 0.72 g·kg^{-1}、0.52 g·kg^{-1}和 0.81 g·kg^{-1},改旱作后,上述 3 个水改旱系列耕层土壤全磷平均含量分别增加到 2.43 g·kg^{-1}、1.04 g·kg^{-1}和 1.15 g·kg^{-1}(表 2.1),这与旱作后磷肥施用量增加有很大关系,并且上述 3 个水改旱系列耕层土壤全磷含量与旱作年限呈极显著正相关。其中腐心青紫泥田改旱系列土壤由于磷肥施用量较高,因而全磷增加幅度最大,最大增幅可达水稻土全磷平均含量的 3 倍以上;青紫泥田改旱系列土壤,磷肥施用量较低,土壤全磷变化不明显,与旱作年限相关性未达到显著水平。

腐心青紫泥田、青紫泥田、青粉泥田和粉泥田耕层土壤中有效磷平均含量分别为 15.63 mg·kg^{-1}、11.19 mg·kg^{-1}、17.87 mg·kg^{-1}和 42.72 mg·kg^{-1},改旱作后,4 个水改旱系列耕层土壤有效磷平均含量分别增加到 199.15 mg·kg^{-1}、27.04 mg·kg^{-1}、221.88 mg·kg^{-1}和 326.59 mg·kg^{-1},并且 4 个水改旱系列耕层土壤有效磷含量与改旱作年限呈极显著正相关,其中腐心青紫泥田和青粉泥田改旱系列土壤有效磷增加幅度较大,最高增幅分别可达水稻土有效磷平均含量的 16 倍和 19 倍以上。水田改旱作后,耕层土壤有效磷含量增加,原因主要是:水稻土在淹水过程中增加了土壤对磷的吸附,同时形成难溶性的 FePO$_4$,降低了磷的解析和有效性,旱作后有机质含量明显降低,微生物通过矿化有机质使磷释放,转化为作物可用的磷(全国农业技术推广服务中心,2008;章永松等,1998;章明奎等,2004);旱作后有效磷增加还与磷素投入量增加和淋溶作用减弱有关(韩书成等,2007)。此外,改旱后磷肥施用量较水田增加,磷肥施用初期有效性较高,引起土壤有效磷含量的增加;土壤中的酸性磷酸酶活性增强,也对磷素有效性的增强产生一定影响,本研究中 4 个水改旱系列耕层土壤酸性磷酸酶活性与速效磷含量呈显著正相关,相关性系数分别为 $r_1 = 0.72^{**}$ ($n_1 = 18$)、$r_2 = 0.67^{*}$ ($n_2 = 13$)、$r_3 = 0.56^{*}$ ($n_3 = 18$)和 $r_4 = 0.63^{**}$ ($n_4 = 18$)。

6. 钾素

腐心青紫泥田、青粉泥田和粉泥田耕层土壤全钾平均含量分别为 15.82 g·kg^{-1}、13.56 g·kg^{-1}和 15.89 g·kg^{-1},改旱作后,上述 3 个水改旱系列耕层土壤全钾平均含量增加到 17.29 g·kg^{-1}、14.59 g·kg^{-1}和 19.46 g·kg^{-1},这与旱作后土壤中钾肥施用量明显增加有关。由于化肥施用初期有效性较高,因而水田改旱作后上述 3 个系列耕层土壤有效钾平均含量在水田土壤中分别为 199.68 mg·kg^{-1}、48.88 mg·kg^{-1}和 111.68 mg·kg^{-1},在旱地土壤中分别增加到 613.43 mg·kg^{-1}、191.63 mg·kg^{-1}和 172.81 mg·kg^{-1}。腐心青紫泥田改种葡萄树后,由于耕作较频繁,钾肥施用量较其他水改旱系列土壤更大,因而该系列土壤全钾和有效钾含量增加都最明显。青紫泥田改旱系列中,耕层土壤全钾含量呈现轻微增加趋势,土壤有效钾含量随着旱作年限的延长逐渐降低,降幅达到约50%以后,逐渐保持稳定,并有小幅回升。主要原因是:该系列旱作土壤钾肥施用量比水田仅有小幅增加,而钾素需求量随樟树树体增长而加大,随着樟树吸收土壤中有效钾数量的增加,土壤有效钾含量降低;而改旱作12年后,樟树林开始种植第二茬香樟树,新种植的香樟树树体较小,对土壤有效钾的需求量相对较低,使得土壤中有效钾含量维持在一定水平,甚至有小幅回升。

三、乡村旅游目的地土地利用方式变化后土壤理化性质变化的综合分析

1. 腐心青紫泥田改旱系列

腐心青紫泥田改旱系列耕层土壤理化性质与主成分的相关系数如表2.5所示。腐心青紫泥田改旱系列耕层土壤理化性质的PCA得分值分布如图2.1所示。

表 2.5　腐心青紫泥田改旱系列耕层土壤理化性质与主成分的相关系数

指　　标	第一主成分	第二主成分	第三主成分
自然含水量	0.80**	0.34	0.07
>0.25 mm 水稳性团聚体	0.71**	0.13	−0.16
pH 值	0.55	−0.62**	0.38
盐基饱和度	0.31	−0.62	0.66**
有机质	0.55	0.75**	0.15
全氮	0.67**	0.44	0.39
碱解氮	0.48	0.83**	0.11
全磷	−0.84**	0.42	0.19
有效磷	−0.91**	0.17	0.16
全钾	−0.78**	0.32	0.20
有效钾	−0.80**	0.22	0.38
指标综合	自然含水量、>0.25 mm 水稳性团聚体、全氮、全磷、全钾、有效磷、有效钾	pH 值、有机质、碱解氮	盐基饱和度

注:** 表示 $p<0.01$,下同。

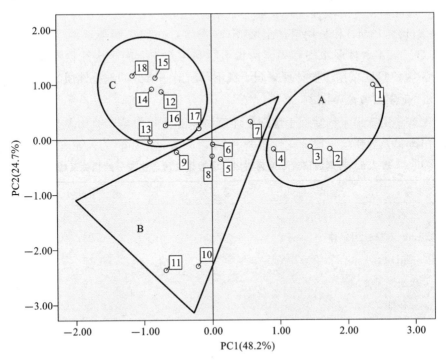

图 2.1 腐心青紫泥田改旱系列耕层土壤理化性质的 PCA 得分值分布

注:图中数字表示土壤样品编号,下同。

选取具有代表性的 11 个土壤理化指标,对乡村旅游目的地腐心青紫泥田改旱系列土壤性质进行主成分分析(Principal Component Analysis,PCA),主成分 PC1、PC2、PC3 和 PC4 分别解释了水田改旱作后 48.2%、24.7%、9.5%和 5.4%的耕层土壤理化性质的变异,它们的累积贡献率为 87.8%。第一主成分与自然含水量、>0.25 mm 水稳定性团聚体、全氮、全磷、有效磷、全钾和有效钾因子呈极显著相关;第二主成分与 pH 值、有机质、碱解氮呈极显著相关,这 3 个指标与特殊的、不同于其他系列的田间管理(如施加生石灰和蓖麻饼)有一定联系;第三主成分与盐基饱和度呈极显著正相关,其与施加生石灰也有一定关系。这些主成分从不同方面反映了土壤理化性质的变化程度。研究表明,分布在 A 区域的 4 个土壤样本均为水田土壤样本,在这些水田土壤样本中,自然含水量、>0.25 mm 水稳性团聚体、pH 值、盐基饱和度、有机质、全氮等含量明显高于其他土壤,而全磷、有效磷、有效钾等含量明显低于其他土壤。分布在 B 区域的 7 个土壤样本均为改旱作年限不超过 13 年的果园土壤样本,其土壤理指标的数值大小总体上介于 A 区域和 C 区域土壤样本理化指标的数值之间。在主成分得分图中(图 2.1),水田和改旱作不同阶段土壤样本标记分别在不同区域聚集,并明显区分开,说明水田改旱作后土壤性质发生阶段性变化。腐心青紫泥田改旱后土壤可分为短期旱作土壤(S5—S11,≤13 年)和长期旱作土壤(S12—S18,>13 年)两个阶段。A 区域与 B 区域、C 区域主要体现水田和果园两种不同利用方式之间土壤理化性质的差异,而 B 区域和 C 区域则主要体现果园土壤不同园龄土壤之间理化性质的差异。

2. 青紫泥田改旱系列

青紫泥田改旱系列耕层土壤理化性质与主成分的相关系数如表 2.6 所示,青紫泥田改旱系列耕层土壤理化性质的 PCA 得分值分布如图 2.2 所示。

表 2.6　青紫泥田改旱系列耕层土壤理化性质与主成分的相关系数

指　标	第一主成分	第二主成分	第三主成分
自然含水量	0.86**	0.09	0.27
>0.25 mm 水稳性团聚体	0.79**	0.23	0.06
pH 值	0.85**	0.16	−0.26
盐基饱和度	0.76**	0.19	−0.20
有机质	0.91**	0.14	0.35
全氮	0.89**	−0.28	0.22
碱解氮	0.89**	−0.10	0.36
全磷	−0.27	0.91**	0.23
有效磷	−0.74**	0.35	0.56
全钾	−0.85**	0.02	0.16
有效钾	0.30	0.67**	−0.46
指标综合	自然含水量、>0.25 mm 水稳性团聚体、pH 值、有机质、盐基饱和度、全氮、碱解氮、有效磷、全钾	全磷、有效钾	

注:** 表示 p<0.01,下同。

青紫泥田改旱系列土壤中主成分 PC1、PC2、PC3 和 PC4 分别解释了改旱作后59.0%、14.7%、9.9%和8.3%的耕层土壤理化性质的变异,它们的累积贡献率为91.9%。第一主成分与自然含水量、>0.25 mm 水稳定性团聚体、pH 值、盐基饱和度、有机质、全氮、碱解氮、有效磷、全钾因子呈极显著相关;第二主成分与全磷和有效钾呈极显著正相关,而青紫泥田改旱系列土壤中全磷与改旱年限的相关性未达到显著水平,有效钾与改旱年限呈显著负相关,这不同于其他土壤系列的变化规律。研究表明,分布在 A 区域的 2 个土壤样本均为水田土壤样本,在这些水田土壤样本中,自然含水量、>0.25 mm 水稳性团聚体、pH 值、盐基饱和度、有

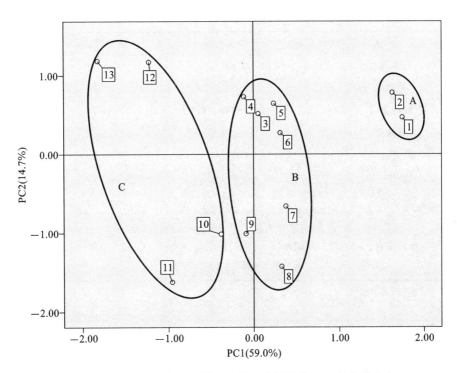

图 2.2 青紫泥田改旱系列耕层土壤理化性质的 PCA 得分值分布

机质、全氮、碱解氮等含量明显高于其他土壤,而全磷、有效磷、全钾等含量明显低
于其他土壤。分布在 B 区域的 7 个土壤样本均为改旱作年限不超过 9 年的林地
土壤样本,其土壤理指标的数值大小总体上介于 A 区域和 C 区域土壤样本理化指
标的数值之间。依据该系列耕层土壤理化性质主成分分析的结果(图 2.2),青紫
泥田水田改旱作后土壤可以分为短期旱作土壤(S3—S9,≤9 年)和长期旱作土壤
(S10—S13,>9 年)两个阶段。

3. 青粉泥田改旱系列

青粉泥田改旱系列耕层土壤理化性质与主成分的相关系数如表 2.7 所示,青
粉泥田改旱系列耕层土壤理化性质的 PCA 得分值分布如图 2.3 所示。

表 2.7 青粉泥田改旱系列耕层土壤理化性质与主成分的相关系数

指 标	第一主成分	第二主成分	第三主成分
自然含水量	0.91**	0.21	0.13
>0.25 mm 水稳性团聚体	0.79**	0.11	−0.20
pH 值	0.72**	−0.45	0.45
盐基饱和度	0.58	−0.18	0.74**

续表

指 标	第一主成分	第二主成分	第三主成分
有机质	0.85**	0.34	0.12
全氮	0.84**	0.36	−0.29
碱解氮	0.87**	0.42	−0.04
全磷	−0.66**	0.43	0.29
有效磷	−0.74**	0.23	0.48
全钾	−0.18	0.71**	0.28
有效钾	−0.77**	0.30	−0.07
指标综合	自然含水量、>0.25 mm 水稳性团聚体、pH 值、有机质、全氮、碱解氮、全磷、有效磷、有效钾	全钾	盐基饱和度

注:** 表示 $p < 0.01$。

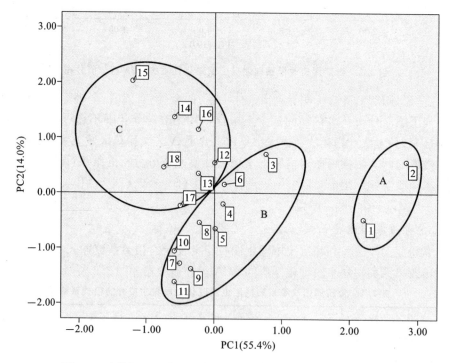

图 2.3 青粉泥田改旱系列耕层土壤理化性质的 PCA 得分值分布

青粉泥田改旱系列土壤中主成分 PC1、PC2、PC3 和 PC4 分别解释了改旱作

后 55.4%、14.0%、11.8%和 6.7%的耕层土壤理化性质的变异,它们的累积贡献
率为 87.9%。第一主成分与自然含水量、>0.25 mm 水稳定性团聚体、pH 值、有
机质、全氮、碱解氮、全磷、有效磷、有效钾因子呈极显著相关;第二主成分与全钾
呈极显著正相关,而全钾与改旱作年限未达到显著水平,这与其他系列是不同的;
第三主成分与盐基饱和度呈极显著正相关。研究表明,分布在 A 区域的 2 个土壤
样本均为水田土壤样本,在这些水田土壤样本中,自然含水量、>0.25 mm 水稳性
团聚体、pH 值、盐基饱和度、有机质、全氮等指标明显高于其他土壤,而全磷、有效
磷、全钾、有效钾等含量明显低于其他土壤。分布在 B 区域的 9 个土壤样本均为
改旱作年限不超过 14 年的果园土壤样本,其土壤理指标的数值大小总体上介于
A 区域和 C 区域土壤样本理化指标的数值之间。依据该系列耕层土壤理化性质
主成分分析的结果,青粉泥田水田改旱作后土壤可以分为短期旱作土壤(S3—
S11,≤14 年)和长期旱作土壤(S12—S18,>14 年)两个阶段。

4. 粉泥田改旱系列

粉泥田改旱系列耕层土壤理化性质与主成分的相关系数如表 2.8 所示,粉泥
田改旱系列耕层土壤理化性质的 PCA 得分值分布如图 2.4 所示。

表 2.8　粉泥田改旱系列耕层土壤理化性质与主成分的相关系数

指　标	第一主成分	第二主成分
自然含水量	0.78**	0.44
>0.25 mm 水稳性团聚体	0.79**	−0.27
pH 值	0.90**	0.04
盐基饱和度	0.87**	0.11
有机质	0.87**	0.23
全氮	0.86**	0.39
碱解氮	0.94**	0.16
全磷	−0.68**	0.63
有效磷	−0.89**	0.19
全钾	−0.79**	0.02
有效钾	−0.74**	0.46
指标综合	自然含水量、>0.25 mm 水稳性团聚体、pH 值、有机质、盐基饱和度、全氮、碱解氮、全磷、有效磷、全钾、有效钾	

注:** 表示 $p < 0.01$。

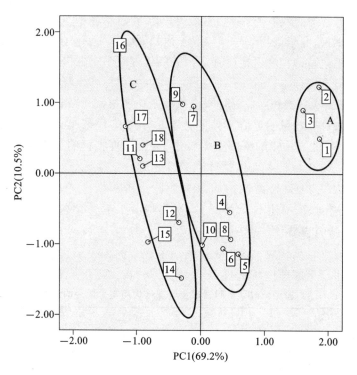

图 2.4 粉泥田改旱系列耕层土壤理化性质的 PCA 得分值分布

粉泥田改旱系列土壤中主成分 PC1、PC2、PC3 和 PC4 分别解释了改旱作后 69.2%、10.5%、5.8% 和 4.1% 的耕层土壤理化性质的变异,它们的累积贡献率为 89.6%。第一主成分与自然含水量、>0.25 mm 水稳定性团聚体、pH 值、盐基饱和度、有机质、全氮、碱解氮、全磷、有效磷、全钾和有效钾因子呈极显著相关(表 2.8)。研究表明,分布在 A 区域的 3 个土壤样本均为水田土壤样本,在这些土壤样本中,自然含水量、>0.25 mm 水稳性团聚体、pH 值、盐基饱和度、有机质、全氮、碱解氮等含量明显高于其他土壤,而全磷、有效磷、全钾、有效钾等指标明显低于其他土壤。分布在 B 区域的 7 个土壤样本均为改旱作年限不超过 11 年的果园土壤样本,其土壤理指标的数值大小总体上介于 A 区域和 C 区域土壤样本理化指标的数值之间。依据该系列耕层土壤理化性质主成分分析的结果(图 2.4),粉泥田水田改旱作后土壤可以分为短期旱作土壤(S4—S10,≤11 年)和长期旱作土壤(S11—S18,>11 年)两个阶段。

第三节　讨论与结论

一、乡村旅游目的地土地利用方式变化后耕层土壤理化性质演变规律

水田改旱作后,土壤理化性质等环境因子发生变化,不同水改旱系列耕层土壤理化性质的变化规律在多数情况下是一致的,然而在一些指标上又存在一定差异,这主要与土壤类型、土地耕作、施肥制度及土壤形成的微环境有关。由于腐心青紫泥田改旱后土地耕作非常频繁,并且施入大量有机肥(鸡粪和蓖麻饼),且地下水位较高致使土壤有机质矿化速率减慢,因而水田改旱作后,该系列耕层土壤有机质降低没有其他系列明显;腐心青紫泥田改旱作后,由于葡萄树生长需要,施入一定量的生石灰,因而水田改旱作后,该系列耕层土壤 pH 下降但波动较大,且该系列耕层土壤有机质、pH 与旱作年限相关性未达到显著水平;又由于土壤氮素主要以有机氮形式存在,因而腐心青紫泥田改旱后,全氮下降没有其他系列明显,与旱作年限相关性未达到显著水平。青紫泥田改旱后,施入的化肥(特别是钾肥)和有机肥较其他系列旱作土壤低,改旱后该系列土壤有效钾呈轻微降低趋势。通过对 4 个水改旱系列耕层土壤理化性质进行主成分分析,表明水田改旱作后土壤理化性质发生阶段性变化,短期改旱作的土壤理化性质较相似,长期改旱作的土壤理化性质也相似,而这两类土壤之间却存在较大的差异性。4 个水改旱系列土壤主成分分析表明,第一主成分与部分理化性质呈显著相关,但不同系列又存在一定差异:腐心青紫泥田改旱系列土壤第一主成分与自然含水量、>0.25 mm 水稳定性团聚体、全氮、全磷、有效磷、全钾和有效钾因子呈极显著相关;青紫泥田改旱系列土壤第一主成分与自然含水量、>0.25 mm 水稳定性团聚体、pH 值、盐基饱和度、有机质、全氮、碱解氮、有效磷、全钾因子呈极显著相关;青粉泥田改旱系列土壤第一主成分与自然含水量、>0.25 mm 水稳定性团聚体、pH 值、有机质、全氮、碱解氮、全磷、有效磷、有效钾因子呈极显著相关;粉泥田改旱系列土壤第一主成分与主成分分析的 11 个理化指标都呈极显著相关。分析表明,各水改旱系列耕层土壤理化性质与主成分的相关性的差异主要与田间管理等因素的差异有关。

二、乡村旅游目的地土地利用方式变化的环境生态效应

由于不同土地利用方式下土壤性质的差异能揭示人类活动对环境变化的影

响,近年来,土地利用与土壤性质的变化关系成为全球环境变化研究的核心内容之一(张健等,2007;刘晓利等,2008;章明奎等,2012)。有研究表明,旱地土壤的硝化作用明显比水田强,反硝化作用明显比水田弱(骆永明等,2009)。在湿润的亚热带地区,土壤中一旦生成硝态氮,当降雨频度大时,则很容易发生硝态氮的淋溶和径流流失。旱地耕作由于土壤有机质含量降低而削弱了反硝化作用,因而旱地具有较强的硝化能力,施入氮肥后将生成较多的硝态氮,而弱的反硝化作用表明生成的硝态氮不易被反硝化,因此,被淋溶或径流损失的可能性必然较大(骆永明等,2009)。本研究中,水田改旱作后,土壤氮素含量变化主要受两个方面因素的影响:一方面,土壤有机质含量的降低,大量有机氮随之矿化;另一方面,旱作土壤氮肥施用量普遍增加。结果显示,土壤中全氮含量都随着旱作年限的延长而明显下降,旱作 15 年后,不同水改旱系列耕层土壤全氮含量降幅为 30.6% ~ 74.8%,说明水田改旱作后,土壤硝化过程,以及硝态氮的淋溶和径流流失等致使氮素损失增加(不考虑作物对氮素吸收量的差异)。水田改旱作后,通常情况下,旱作土壤磷肥的施用量大于水田,并且铁、锰氧化物的老化降低了磷的吸附,使土壤中全磷和有效磷含量明显增加(章永松等,1998;邵兴华等,2005),引起土壤磷素流失风险增加。有研究表明,我国南方稻田生态系统单位面积流失的磷大大低于旱地,而且有时还作为"汇"来吸纳其他来源的磷(高超等,2001)。水田改旱作后,土壤磷素和氮素淋失风险的增加对水体带来了一定影响,增加了水体富营养化的风险。

全球气候变化的主要原因是人类活动向大气中排放过量的 CO_2、CH_4 和 N_2O 等温室气体。全球 1 m 深土层中有机碳含量约为植被碳含量的 3 倍、大气碳含量的 2 倍,每年进入土壤储存和以 CO_2 形式释放的碳量大约占土壤有机碳总量的 4%,每年因土地利用方式变化所释放的 CO_2 约占全球 CO_2 释放量的 25%,因而土壤中的有机碳既是碳汇又是碳源(潘根兴等,2003;张国盛等,2005;毛艳玲等,2007;邓万刚等,2008)。我国农业源占温室气体排放总量的 17%,农业活动产生的甲烷和氧化亚氮分别占全国甲烷和氧化亚氮排放量的 50.15% 和 92.47%(董红敏等,2008)。而本研究表明,不同的温室气体对水改旱过程具有不同的响应方式。Eh 在 400 mV 左右时的生物硝化作用和 0 mV 时的反硝化作用为 N_2O 的主要来源。有研究表明,干湿交替的状况会增加氧化亚氮的排放量(谢军飞等,2003)。此外,水田改旱作后,土壤硝化作用增强,反硝化作用减弱,干湿交替状况减弱,使土壤中氧化亚氮的排放量有减少趋势。在淹水植稻条件下,耕层土壤处于厌氧还原状态,产甲烷菌以 CO_2 和 CH_3COOH 等含碳小分子化合物为电子受体,合成 CH_4;水田改旱作后,土壤氧化还原状况发生改变,产甲烷菌不能在好氧条件下生存,因而 CH_4 排放量明显降低甚至消失;取而代之的是,大量的土壤有机碳被氧化,以 CO_2 的形式释放到大气中,增加了温室气体 CO_2 的排放。

尽管已有一些针对温室气体排放的影响的研究,并积累了一些经验,但很多对策只考虑单一环境气体而没有把多种气体综合考虑(杨林章和徐琪,2005)。本研究未具体测算水田改旱作后,具体某种温室气体排放增加或降低的数量。水田改旱作后,在土壤有机肥和氮肥施用量增加的情况下,土壤有机质和全氮含量降低,表明土壤有机质和有机氮净矿化量增加,即从土壤进入大气和水体的碳、氮量增加(不考虑植被吸收养分的差异),这与 Nishimura 等(2008)在综合考虑 CH_4 和 CO_2 等气体排放后,得出水改旱导致土壤碳素损失的结论是一致的。研究表明,水改旱对大气和水体环境整体上带来了负面影响。

第四节 本 章 小 结

本章研究了乡村旅游目的地水田利用方式改变后耕层土壤理化特性演变规律。结果表明,腐心青紫泥田、青紫泥田、青粉泥田和粉泥田改旱后,耕层土壤理化性质发生显著变化:土壤通气性增强,有机碳矿化速度加快,加之进入土壤的植物残体减少,引起耕层土壤有机质含量下降,土壤固碳能力减弱;土壤有机质含量下降,土壤胶结物质减少,致使耕层土壤>0.25 mm 水稳性团聚体明显减少,土壤结构变差,部分树苗出现扎根不稳情况;耕层土壤有机质含量降低还引起耕层土壤全氮含量下降,硝化作用增强致使耕层土壤碱解氮含量减少;由于酸性肥料的大量施用,硝化作用增强等原因使致酸离子 H^+ 增加,耕层土壤逐渐酸化;此外,化肥施用量增加,引起耕层土壤全钾含量增加,大量化肥的施用还引起耕层土壤磷素全量和有效态的增加,从而增加了磷素在环境中的淋失风险;而水田改旱作后,土壤颗粒组成和阳离子交换量变化不明显。以上结果表明,水田改旱作后,耕层土壤一些理化性质逐渐发生退化,并对农业土壤的可持续利用,以及土壤、水体和大气等生态环境带来显著影响。

第三章　乡村旅游目的地耕层土壤微生物学特性的变化

　　土壤是微生物的重要栖息地,也是微生物生长和繁殖的天然培养基,土壤微生物资源在自然界中最为丰富多样。土壤微生物能够直接参与土壤中碳、氮等营养元素循环和能量流动,在植物残体降解、腐殖质形成及养分转化与循环中扮演着十分重要的角色,其数量、活性和多样性在很大程度上决定了生物地球化学循环、土壤有机质的周转、土壤肥力与土壤质量,并对土壤退化具有预警作用(章家恩等,2002;Smith 和 Paul,1990)。近年来,利用土壤微生物学特性(土壤微生物生物量、土壤酶活性和土壤微生物多样性)指示土壤质量和土壤健康已成为国内外学者研究的热点(周丽霞和丁明懋,2007)。

　　土壤微生物生物量和土壤呼吸强度是评价土壤质量变化的敏感指标(唐玉姝等,2007)。土壤酶与土壤微生物的丰富程度、土壤理化性质、土壤类型、施肥、耕作以及其他农业措施等密切相关,其活性在一定程度上反映了土壤所处的状况,且对环境等外界因素引起的变化较敏感,被作为土壤肥力、质量和微生物活性指标,是土壤生态系统变化的敏感性指标(颜慧等,2008)。土壤微生物多样性是指土壤生态系统中所有的微生物种类、它们拥有的基因,以及这些微生物与环境之间相互作用的多样化程度(林先贵等,2008)。土壤微生物多样性影响土壤生态系统的结构、功能及过程,是维持土壤生产力的重要组成部分,也是评价自然或人为干扰引起土壤质量变化的重要指标(He 等,2008)。研究土壤微生物多样性在维护土壤健康、保障土壤可持续利用和调控生态安全方面具有重要意义。传统上,土壤微生物多样性研究多依赖于培养方法和显微技术,即采用选择性培养基从土壤样品中分离出纯菌株后进行鉴定,获得可培养微生物的种类和数量信息。然而,许多土壤微生物是不可培养的,分离得到的微生物只占土壤微生物总数的 1%～10%,因此,通过传统方法只能得到极小部分的微生物群落信息(颜慧等,2006)。磷脂脂肪酸(PLFA)谱图分析技术和变性梯度凝胶电泳(DGGE)技术两种非培养技术在土壤微生物多样性研究中的应用,使人类对微生物群落结构和多样性的认识进入较客观的层次。

　　近二十多年来,随着农业产业结构调整以及乡村旅游和休闲农业的发展,我国有大面积的水田改旱作,种植瓜果、蔬菜和林木,并以南方地区最为普遍。水田改旱作后,随着土壤理化性质等环境因子的变化,土壤微生物学特性也发生改变,并且对利用方式改变(水改旱)和环境因子变化的响应非常敏感。以往一些研究主要对比了水田和旱地土壤微生物生物量、酶活性等性质的差异(尹睿等,2004;张华勇等,2005;李忠佩等,2007),而在土壤微生物生物量、微生物多样性等微生物特性的动态变化过程及其与土壤环境因子的关系方面尚缺乏系统研究。本章以浙江水网平原为研究区,选取典型水稻土及其改旱后的系列耕层土壤为研究对象,采用 PLFA 谱图分析技术和 DGGE 技术等生物技术,研究了水田改旱作后耕层土壤微生物生物量、土壤呼吸强度、土壤酶活性、土壤微生物群落结构和基因多样性等微生物学特性的变化,目的是揭示水田改旱作后土壤微生物学性质的演变过程、影响因素及响应规律,并希望利用土壤微生物的预警作用正确评价土壤质量及生态环境的变化,为防止土壤退化和促进农业土壤(地)资源的可持续利用提供理论依据。

第一节　材料与方法

一、供试土壤

2012 年 6 月下旬至 9 月中旬,我们共采集 4 个系列 67 个耕层土壤样本。其中,腐心青紫泥田改旱系列土壤样本 18 个(4 个水田土壤样本,14 个水田改旱作土壤样本);青紫泥田改旱系列土壤样本 13 个(2 个水田土壤样本,11 个水田改旱作土壤样本);青粉泥田改旱系列土壤样本 18 个(2 个水田土壤样本,16 个水田改旱作土壤样本);粉泥田改旱系列土壤样本 18 个(3 个水田土壤样本,15 个水田改旱作土壤样本)。土壤样本其他信息详见第二章采样情况。

二、研究方法

1. 土壤微生物生物量碳、氮的测定

测定土壤微生物生物量碳(Microbial Biomass Carbon,MBC)和土壤微生物生物量氮(Microbial Biomass Nitrogen,MBN)采用氯仿熏蒸法(鲁如坤,2000)。称取相当于 10.00 g 烘干土重的新鲜土壤 3 份,分别放在 25 mL 的玻璃瓶中,将其中

两个玻璃瓶放入同一干燥器中。干燥器底部放入几张用水湿润的滤纸,同时放入 50 mL 1 mol·L^{-1} 的 NaOH 溶液和一个装有 50 mL 无乙醇氯仿的小烧杯,用凡士林密封干燥器,用真空泵抽气至氯仿沸腾并保持 2 min。关闭阀门,在 25 ℃ 条件下放置 24 h。拿去滤纸,擦净干燥器底部,用真空泵反复抽气,直至土壤闻不到氯仿的气味为止。转移熏蒸及未熏蒸土样至离心管中,加入 50 mL 0.5 mol·L^{-1} 的硫酸钾溶液,在振荡机上振荡 30 min,过滤,滤液转入带盖的容器中,用 TOC 自动分析仪(Flash EA 1112,Thermo Finnigan)测定土壤微生物生物量碳、氮。计算公式如下:

$$MBC = (C_{熏} - C_{未熏})/0.45, \quad MBN = (N_{熏} - N_{未熏})/0.54$$

式中,$C_{未熏}$、$C_{熏}$ 和 $N_{未熏}$、$N_{熏}$ 分别代表熏蒸前后土壤有机碳和熏蒸前后土壤有机氮,0.45 和 0.54 为转换系数。

2. 土壤呼吸强度的测定

测定土壤呼吸强度采用静态气室法(鲁如坤,2000)。称取 40.0 g 新鲜土壤于 500 mL 烧杯中,并将土壤均匀地平铺于烧杯底部,吸取 5 mL 0.1 mol·L^{-1} NaOH 溶液于 50 mL 小烧杯中,用保鲜膜封口,于 28 ℃ 下培养 24 h。取出小烧杯,加入 2 mL 1 mol·L^{-1} BaCl$_2$ 和酚酞指示剂两滴,用 0.05 mol·L^{-1} 标准盐酸溶液滴定至红色消失。根据空白和样品滴定消耗盐酸的差值,计算土壤呼吸所释放出的 CO$_2$。

3. 土壤脲酶活性的测定

测定土壤脲酶活性采用苯酚钠比色法(关松荫等,1986)。称取风干土样 5.00 g(过 1 mm 孔径筛),置于 50 mL 三角瓶管中;加 1 mL 甲苯;15 min 后加 10 mL 10%尿素液和 20 mL 柠檬酸盐缓冲液(pH=6.7);摇匀后在 37 ℃ 恒温箱中培养 24 h;过滤后取 3 mL 滤液注入 50 mL 容量瓶中,稀释至 20 mL,加入 4 mL 苯酚钠和 3 mL 次氯酸钠,放置 20 min,用水定容至 50 mL,于波长 578 nm 处比色。

4. 土壤酸性磷酸酶活性的测定

测定土壤酸性磷酸酶活性采用磷酸苯二钠比色法(关松荫等,1986)。称取风干土样 5.00 g(过 1 mm 孔径筛),置于 200 mL 三角瓶中;加 2.5 mL 甲苯,轻摇 15 min;加入 20 mL 0.5%磷酸苯二钠;对每一土样设置用水代替基质的对照,对整个试验设置无土壤的对照;仔细摇匀后放入恒温箱,在 37 ℃ 下培养 24 h;然后在培养液中加入 100 mL 0.3%硫酸铝溶液,并过滤;取 3 mL 滤液于 50 mL 容量瓶中,加 5 mL 的硼酸缓冲液(pH=9.4)和四滴氯代二溴对苯醌亚胺,用水定容至 50 mL;将反应物仔细混合,静置 30 min,于波长 660 nm 处比色。

5. 土壤过氧化氢酶活性的测定

测定土壤过氧化氢酶活性采用滴定法(关松荫等,1986)。取风干土样 2.00 g(过 1 mm 孔径筛),置于 100 mL 三角瓶中,并注入 40 mL 蒸馏水和 5 mL 0.3% 过氧化氢溶液,在振荡机上振荡 20 min;加入 5 mL 1.5 mol·L^{-1}的硫酸,以稳定未分解的过氧化氢;将瓶中悬液用慢速型滤纸过滤;然后吸取 25 mL 滤液,用 0.01 mol·L^{-1} KMnO$_4$溶液滴定至淡粉红色终点;以 1 g 干土 1 h 内分解的 H$_2$O$_2$ 对应的 0.01 mol·L^{-1} KMnO$_4$ 体积为过氧化氢酶的 1 个活性单位。

6. 土壤微生物磷脂脂肪酸(PLFA)分析

土壤微生物磷脂脂肪酸测定:称取 3.00 g 冷冻干燥后的土壤样品于特氟龙管内,用氯仿-甲醇-柠檬酸盐缓冲液提取总脂类,通过硅胶柱层析法分离得到磷脂脂肪酸,然后经碱性甲酯化后用气相色谱分析土壤微生物磷脂脂肪酸的含量,气相色谱分析仪为 Agilent 6890N 气相色谱仪(FID 检测器),结合 MIDI Sherlock 微生物自动鉴定系统(Version 4.5)对各成分脂肪酸进行鉴定,正十九烷酸甲酯(19:0)作为内标(Wu 等,2009)。

脂肪酸的命名:脂肪酸链长以碳原子总数计算,从羧基开始,冒号后数字代表双键数目,ω 后数字代表双键的位置(从羧基端算起),c(cis)表示顺势双键,t(trans)表示反势双键,i(iso)表示顺势支链,a(antieso)表示反势支链,Me 表示甲基位置,cyc 表示环丙基。本研究用 12:00、i14:0、14:00、a15:0、15:00、i15:0、15:0 2OH、15:0 3OH、a16:0、16:1ω9c、16:1ω5c、16:00、17:00、a17:0、cyc 17:0、18:00、18:1ω7c、18:1ω5c、i17:0 3OH、i19:0 和 cyc 19:0ω8c 表征细菌的特征脂肪酸(钟文辉等,2004;陈振翔等,2005;McKinley 等,2005;颜慧等,2006)用 18:2ω6c、18:3ω6c 和 20:1ω9c 表征真菌的特征脂肪酸;用 10Me 16:0、10Me 17:0、10Me 18:0、10Me 19:0 表征放线菌的特征脂肪酸;用 20:4ω6c 表征原生动物的特征脂肪酸;16:1ω5c、17:1ω8c、18:1ω5c、18:1ω7c、cyc 17:0 表征革兰氏阴性菌的特征脂肪酸;用 i14:0、a15:0、i15:0、a16:0、i16:0、a17:0、i17:0、a18:0 表征革兰氏阳性菌的特征脂肪酸;用 a15:0、i15:0、15:0、i16:0、a17:0、i17:0、17:0 表征好氧细菌的特征脂肪酸;用 18:1ω7c 表征厌氧细菌的特征脂肪酸(钟文辉等,2004;陈振翔等,2005;McKinley 等,2005;颜慧等,2006)。用 16:1ω5c 表征甲烷氧化菌的特征脂肪酸(Kaur 等,2005;颜慧等,2006);用 10Me 16:0 表征硫酸盐还原菌(钟文辉等,2004);用环丙烷脂肪酸和其单体之比[(cyc 17:0+cyc 19:0ω8c):(16:1ω9c+18:1ω7c+18:1ω9c)]及异构 PLFAs:反异构 PLFAs[(i14:0+i15:0+i16:0+i17:0):(a14:0+a15:0+a16:0+a17:0)]表征微生物对养分胁迫的响应(陈振翔等,2005;McKinley 等,2005)。

7. DNA 提取及变性梯度凝胶电泳法分析

采用 PowerSoil DNA Isolation Kit(MOBIO Lab. Inc. ,Solana Beach,CA)试剂盒,提取冻干土壤中细菌的总 DNA。应用 357F-GC(CGCCCGCCGCGCCCCGC GCCCGG CCCGCCGCCCCGCCCCCCTACGGGAGGCAGCAG) and 518 R (ATTACCGCGGCTGC TGG)作为引物进行扩增,反应体系为 5 μL 模版 DNA, 2.5 mM $MgCl_2$,0.2 mM dNTPs,25 pmol 引物,1U Taq DNA polymerase,终体积 50 mL,取 20 μL PCR 产物上样做变性梯度凝胶电泳。变性梯度为 35%~55%, 在 65 V 电压下,保持温度 60 ℃,电泳 16 h,从 DGGE 胶上切下电泳条带,振荡溶解到灭菌的去离子水中。

将溶于去离子水的条带再次 PCR 扩增,扩增产物采用纯化试剂盒(北京全式金生物技术股份有限公司)纯化。将纯化产物与 pGEM-T Easy Vector(Promega 公司)载体 16 ℃过夜连接。连接体系为 10 μL:取 3 μL 纯化的 PCR 产物,5 μL 2 ×buffer,1 μL pGEM-T Easy Vector,1 μL T4。将链接产物克隆到大肠杆菌中, 并选择白色菌落交由上海美吉生物医药科技有限公司予以测序,并与已经报道的部分基因序列进行比对,系统分类及分子进化分析使用 MEGA Version 5.0 软件绘制系统树,基因序列号被收录在 Genbank 中,编号为从 KF952584 到 KF952596。

三、统计分析

采用 Microsoft Excel 2003 软件处理数据,采用 Origin 8.0 制图。采用 SPSS 17.0 软件进行相关性分析(Pearson 法)和方差分析(LSD 法);采用 Canoco 4.5 软件进行冗余分析后用 Origin 8.0 制图;DGGE 图谱分析借助 Quantity One 4.6.2 软件进行条带判读,聚类分析采用 UPGAMA 法;采用 MEGA 5.0 软件对测序产物进行多序列比对,并用 Neighbor-joining 方法构建进化树。

第二节　结果与分析

一、乡村旅游目的地土地利用变化后土壤微生物生物量碳氮的变化

土壤微生物生物量碳是土壤有机碳中活性较高的部分,它对环境因子变化非

常敏感(徐春阳等,2002;唐玉姝等,2007)。土壤微生物生物量氮是土壤有效氮活性库的主要部分,其含量能够反映土壤肥力状况和土壤的供氮能力(刘善江等,2011)。腐心青紫泥田、青紫泥田、青粉泥田和粉泥田耕层土壤微生物生物量碳(MBC)平均含量分别为 815.20 mg·kg^{-1}、814.99 mg·kg^{-1}、965.70 mg·kg^{-1}和 1026.33 mg·kg^{-1},改旱后 4 个水改旱系列耕层土壤 MBC 平均含量分别降低到 455.31 mg·kg^{-1}、481.33 mg·kg^{-1}、333.51 mg·kg^{-1}和 262.51 mg·kg^{-1},并且 4 个水改旱系列耕层土壤 MBC 与旱作年限呈极显著负相关(图 3.1)。腐心青紫泥田、青紫泥田、青粉泥田和粉泥田耕层土壤微生物生物量氮(MBN)平均含量分别为 35.65 mg·kg^{-1}、53.45 mg·kg^{-1}、71.16 mg·kg^{-1}、104.94 mg·kg^{-1},改旱后 4 个水改旱系列耕层土壤 MBN 平均含量分别降低到 14.30 mg·kg^{-1}、33.96 mg·kg^{-1}、36.96 mg·kg^{-1}和 28.00 mg·kg^{-1},并且 4 个水改旱系列耕层土壤 MBN 与旱作年限呈极显著负相关。Lin 等(1999)和文倩等(2004)认为,MBC 主要取决于输入有机质的数量和性质,在一定条件下,有机质输入越多,MBC 就越高。相关分析表明,青紫泥田、青粉泥田和粉泥田改旱后,耕层土壤 MBC 与土壤有机质、全氮、碱解氮含量都呈极显著正相关($p<0.01$),腐心青紫泥田改旱系列耕层土壤 MBC 与土壤有机质、全氮、碱解氮含量呈正相关($p>0.01$);4 个水改旱系列耕层土壤 MBC 与土壤 pH 值、自然含水量呈显著正相关($p<0.05$);4 个水改旱系列耕层土壤 MBN 与土壤有机质、全氮和碱解氮含量都呈显著正相关($p<0.05$)或极显著正相关($p<0.01$)(表 3.1)。

　　水田改旱作后土壤微生物生物量变化的主要原因如下:一方面,稻田土壤为微生物提供了相对充足的有机碳源、氮源和水分等主要营养物质,使得稻田土壤微生物的生长旺盛,土壤微生物生物量相对较高;另一方面,水田改旱作后土壤酸化,抑制了土壤微生物活性,特别是占土壤微生物多数的细菌的活性;此外,腐心青紫泥田改旱系列耕层土壤 MBC、MBN 与>0.25 mm 水稳定性团聚体呈正相关($p>0.01$),青紫泥田、青粉泥田和粉泥田改旱系列耕层土壤中 MBC、MBN 都与>0.25 mm 水稳定性团聚体呈显著正相关($p<0.05$),表明水田中较多的水稳定性团聚体有利于土壤水分和土壤空气的消长平衡,为微生物生长提供了良好的环境(田慧等,2006)。腐心青紫泥田改旱系列土壤 MBC 与旱作时间呈极显著相关($p<0.01$),但与土壤有机质、全氮等的相关性未达到显著水平($p>0.01$),这与该土壤水田改旱作后,施入大量蓖麻饼等有机物有关,这些施入土壤的有机物虽然使土壤有机质和氮素含量有所提高,但较难为土壤微生物所利用,使得土壤有机质和土壤微生物生物量碳的变化趋势不一致,导致土壤微生物生物量随着旱作年限的延长而明显下降,这也表明施用有机肥时应考虑到生物有效性问题。

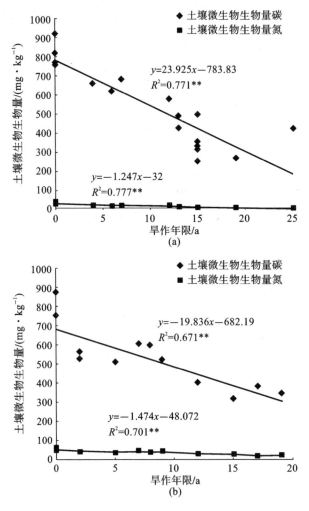

图 3.1 水改旱系列耕层土壤微生物生物量与旱作年限的关系

注:(a)、(b)、(c)和(d)分别代表腐心青紫泥田、青紫泥田、青粉泥田和粉泥田改旱系列土壤,** 表示 $p < 0.01$,下同。

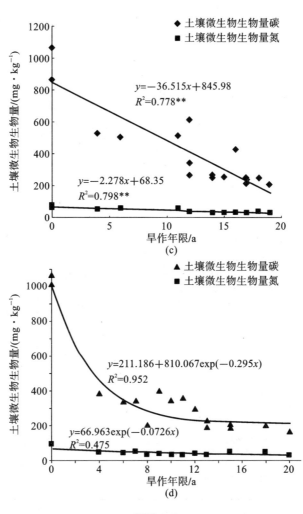

续图 3.1

表 3.1　耕层土壤理化性质与土壤微生物生物量、呼吸强度相关系数

土壤系列	指标	自然含水量	>0.25mm水稳性团聚体	盐基饱和度	pH值	有机质	全氮	碱解氮	全磷	有效磷	全钾	有效钾
腐心青紫泥田改旱系列土壤 ($n=$18)	MBC	0.70**	0.47	0.14	0.48*	0.43	0.39	0.35	−0.77**	−0.89**	−0.63**	−0.74**
	MBN	0.72**	0.41	0.38	0.51*	0.58*	0.63**	0.47*	−0.74**	−0.82**	−0.60**	−0.63**
	Resp	0.79**	0.52*	0.43	0.47*	0.62**	0.53*	0.46	−0.65**	−0.82**	−0.64**	−0.58*
青紫泥田改旱系列土壤(n=13)	MBC	0.89**	0.81**	0.67*	0.78**	0.95**	0.84**	0.88**	−0.07	−0.55	−0.75**	0.31
	MBN	0.79**	0.70**	0.71**	0.76**	0.79**	0.79**	0.75**	−0.24	−0.71**	−0.68*	0.28
	Resp	0.80**	0.74**	0.67*	0.77**	0.94**	0.86**	0.89**	−0.14	−0.55	−0.73**	0.34
青粉泥田改旱系列土壤(n=18)	MBC	0.98**	0.74**	0.46	0.60**	0.78**	0.86**	0.82**	−0.66**	−0.72**	−0.36	−0.65**
	MBN	0.85**	0.69**	0.42	0.41	0.66**	0.71**	0.70**	−0.65**	−0.77**	−0.31	−0.60**
	Resp	0.72**	0.68**	0.47	0.57*	0.67**	0.62**	0.71**	−0.71**	−0.73**	−0.30	−0.64**
粉泥田改旱系列土壤 ($n=$18)	MBC	0.92**	0.54*	0.72**	0.88**	0.81**	0.87**	0.85**	−0.42	−0.76**	−0.74**	−0.57*
	MBN	0.86**	0.48*	0.67**	0.80**	0.66**	0.72**	0.67**	−0.37	−0.66**	−0.49*	−0.54*
	Resp	0.91**	0.53*	0.64**	0.85**	0.74**	0.83**	0.76**	−0.34	−0.77**	−0.69**	−0.51*

注：* 表示 $p<0.05$；** 表示 $p<0.01$。

二、乡村旅游目的地土地利用变化后土壤呼吸强度的变化

土壤微生物活动是土壤呼吸的主要来源，人们习惯把土壤呼吸作用强度看作衡量土壤微生物整体活性的重要指标。腐心青紫泥田、青紫泥田、青粉泥田和粉

泥田耕层土壤呼吸强度分别为 $0.075\ \mathrm{mL\cdot g^{-1}\cdot d^{-1}}$、$0.044\ \mathrm{mL\cdot g^{-1}\cdot d^{-1}}$、$0.050\ \mathrm{mL\cdot g^{-1}\cdot d^{-1}}$ 和 $0.074\ \mathrm{mL\cdot g^{-1}\cdot d^{-1}}$,改旱后 4 个水改旱系列耕层土壤呼吸强度平均值降分别低到 $0.022\ \mathrm{mL\cdot g^{-1}\cdot d^{-1}}$、$0.025\ \mathrm{mL\cdot g^{-1}\cdot d^{-1}}$、$0.019\ \mathrm{mL\cdot g^{-1}\cdot d^{-1}}$ 和 $0.027\ \mathrm{mL\cdot g^{-1}\cdot d^{-1}}$。该研究结果与李忠佩等(2003)关于不同利用方式下土壤微生物生物量及土壤呼吸强度差异性的结论基本一致。在水田和短期旱作土壤中有机质含量相对较高,有充分的营养源以利于土壤微生物生长,因而土壤微生物生物量较大,呼吸强度较强,随着旱作年限的延长土壤有机质含量降低,土壤微生物生物量减少,土壤呼吸强度逐渐减弱。青紫泥田、青粉泥田和粉泥田改旱系列耕层土壤呼吸强度与土壤有机质、全氮呈极显著正相关($p<0.01$)(表 3.1);4 个水改旱系列耕层土壤呼吸强度与土壤微生物生物量碳呈极显著正相关($p<0.01$),相关性系数分别为 $r_1=0.81^{**}$($n_1=18$)、$r_2=0.93^{**}$($n_2=13$)、$r_3=0.81^{**}$($n_3=18$)、$r_4=0.97^{**}$($n_4=18$)。有研究表明,土壤呼吸强度与自然含水量具有明显相关性,并且在一定范围内呼吸强度随土壤水分的增加而增加(孙园园等,2007)。本研究中水改旱系列土壤呼吸强度与自然含水量和土壤 pH 值呈显著正相关($p<0.05$)或极显著正相关($p<0.01$)(表 3.1),表明水田改旱作后自然含水量下降引起土壤呼吸强度减弱,土壤 pH 值降低抑制了微生物的活性,特别是占土壤微生物多数的细菌的活性,致使土壤呼吸强度降低。水改旱系列耕层土壤呼吸强度与旱作年限的关系如图 3.2 所示。

水田改旱作后,随着旱作年限的延长,土壤微生物生物量、土壤呼吸强度和土

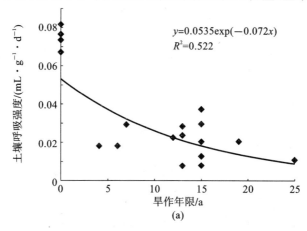

图 3.2　水改旱系列耕层土壤呼吸强度与旱作年限的关系

注:(a)、(b)、(c)和(d)分别代表腐心青紫泥田、青紫泥田、青粉泥田和粉泥田改旱系列土壤,** 表示 $p<0.01$,下同。

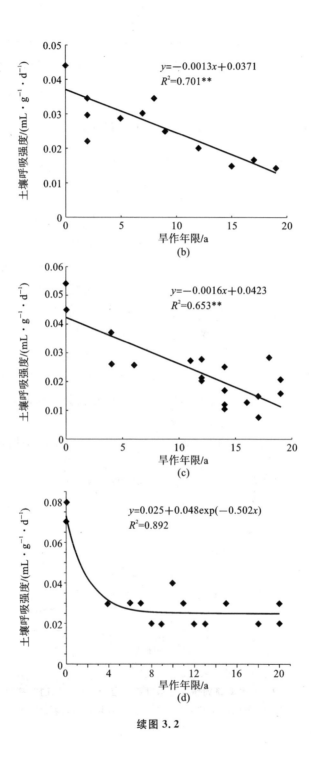

续图 3.2

壤酶活性都发生显著变化。耕作层土壤环境因子的变化会对土壤微生物学指标产生重要影响,同时,土壤微生物学指标的变化也会对土壤环境因子产生影响。本研究中,耕层土壤理化性质与微生物学性质的相关性见表3.1。

三、乡村旅游目的地土地利用变化后土壤微生物商的变化

土壤微生物商(MBC/TOC)的变化反映了土壤中输入的有机质向微生物生物量碳的转化效率,土壤中碳损失和土壤矿物对有机质的固定(张金波等,2003),土壤微生物商在0.5%~4.0%之间(何振立等,1997)。Sparling等(1992)研究表明,如果土壤被过度使用,土壤微生物生物量碳库将会以较快的速率下降,最终造成土壤有机质和微生物商的降低。

本研究中,改旱后,腐心青紫泥田、青紫泥田、青粉泥田和粉泥田耕层土壤微生物商随着水田改旱作年限的延长而下降,并与水田改旱作年限呈极显著负相关($p<0.01$),表明水田改旱作后土壤微生物生物量碳比土壤有机碳降低更加迅速,对土地利用变化更加敏感,也说明水田在积累有机碳的同时,也有利于土壤微生物生物量的提高。耕层土壤中土壤微生物商与水田改旱作年限的关系如图3.3所示。

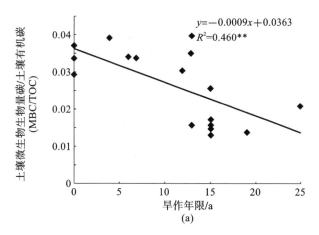

图3.3　耕层土壤中土壤微生物商与水田改旱作年限的关系

注:(a),(b),(c)和(d)分别代表腐心青紫泥田、青紫泥田、青粉泥田和粉泥田改旱系列土壤,** 表示 $p<0.01$,下同。

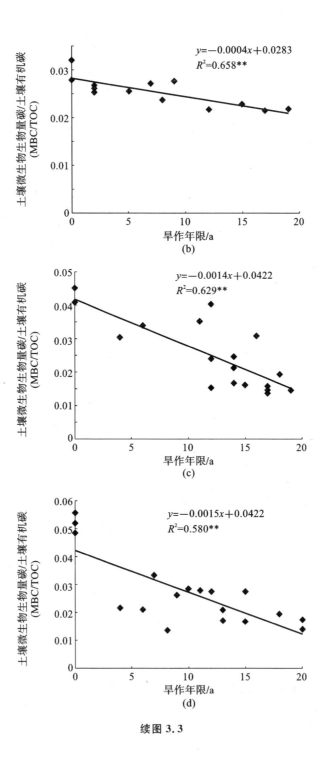

续图 3.3

四、乡村旅游目的地土地利用变化后土壤酶活性的变化

1. 脲酶活性

脲酶是土壤酶系中唯一催化尿素水解的酶,其活性反映了土壤酰胺态氮的转化能力和供应无机态氮的能力,通常情况下,它与土壤有机质和微生物数量有很大关系(刘善江等,2011)。有研究表明,长期淹水会使脲酶活性降低,这可能与淹水后好氧微生物活动基本停止等因素有关。另外,水田中土壤 pH 值相对较高,可能会导致土壤有机-无机胶体、土壤脲酶和尿素三者的结合体更加稳定,从而使脲酶发生"钝化"(冉炜等,2000;Cabrera 等,1991)。腐心青紫泥田、青紫泥田、青粉泥田和粉泥田耕层土壤脲酶活性平均值分别为 0.23 mg · g^{-1}、0.10 mg · g^{-1}、0.22 mg · g^{-1}和 0.20 mg · g^{-1}(以 24 h 内土壤中的 NH_3-N 计),改旱后 4 个水改旱系列耕层土壤脲酶活性平均值分别增加到 0.30 mg · g^{-1}、0.11 mg · g^{-1}、0.39 mg · g^{-1}和 0.28 mg · g^{-1},并与旱作时间呈显著正相关,4 个水改旱系列耕层土壤脲酶活性与旱作年限相关性系数分别为 $r_1 = 0.81^{**}$ ($n_1 = 18$)、$r_2 = 0.58^*$ ($n_2 = 13$)、$r_3 = 0.68^{**}$ ($n_3 = 18$)、$r_4 = 0.78^{**}$ ($n_4 = 18$)。表明水田改旱作后,虽然土壤中全氮和碱解氮含量降低了,但有机态氮向无机态氮的转化能力却增强了,这与任勃等(2009)不同利用方式下林地土壤中脲酶活性大于水田的结论一致。在水田中土壤氮素主要以有机态形式存在,改旱后随着有机质的矿化,大量有机态氮转化为无机态氮而释放出来,这与脲酶活性的增强有很大关系。

2. 磷酸酶活性

磷酸酶是土壤酶系中唯一催化有机磷脂水解成可供植物吸收的无机磷酸的酶,其活性的高低直接影响着土壤中有机磷的分解转化和生物有效性,它们对有机磷的矿化是非常明显的(刘善江等,2011)。水田改旱作后,腐心青紫泥田、青紫泥田、青粉泥田和粉泥田耕层土壤酸性磷酸酶活性平均值分别为 4.44 mg · g^{-1}、6.95 mg · g^{-1}、2.94 mg · g^{-1}和 2.15 mg · g^{-1}(以 24 h 内土壤中的酚计),改旱后 4 个水改旱系列耕层土壤酸性磷酸酶活性平均值分别增加到 6.12 mg · g^{-1}、7.96 mg · g^{-1}、4.09 mg · g^{-1}和 3.05 mg · g^{-1},并与旱作年限呈显著正相关或极显著正相关,4 个水改旱系列耕层土壤酸性磷酸酶活性与水改旱年限相关性分别为 $r_1 = 0.66^{**}$ ($n_1 = 18$)、$r_2 = 0.80^{**}$ ($n_2 = 13$)、$r_3 = 0.58^*$ ($n_3 = 18$)、$r_4 = 0.82^{**}$ ($n_4 = 18$),并与土壤速效磷含量呈显著正相关或极显著正相关,相关性系数分别为 $r_1 = 0.72^{**}$ ($n_1 = 18$)、$r_2 = 0.67^*$ ($n_2 = 13$)、$r_3 = 0.56^*$ ($n_3 = 18$)、$r_4 = 0.63^{**}$ ($n_4 = 18$)。水田改旱作后,耕层土壤酸性磷酸酶活性增强,原因主要有以下几方面。

(1) 水田改旱作后,土壤磷肥施用量增加,残留在土壤中可供微生物利用的磷

素(底物)增多,微生物受到底物刺激,分泌的磷酸酶增多;土壤有效磷含量增加、诱导作用增强,致使土壤磷酸酶活性增强(袁玲等,1997;张华勇等,2005;颜慧等,2008)。

(2) 土壤酸性磷酸酶的最适 pH 值为 4.0~5.0(Frankenberger 等,1983;万忠梅和吴景贵,2005)。因而,水田改旱作后耕层土壤 pH 值逐渐降低也是酸性磷酸酶活性增强的重要原因。

3. 过氧化氢酶活性

过氧化氢酶广泛存在于土壤和生物体内,主要来源于细菌、真菌以及植物根系分泌物,是参与土壤物质和能量转化的一种重要的氧化还原酶,土壤过氧化氢酶能够促进过氧化氢的分解有利于防止对生物体的毒害作用,其活性能反映土壤生物氧化过程的强弱、土壤腐殖质化强度大小和有机质积累程度(关松荫,1986;王丽等,2008;刘善江等,2011)。有研究表明,土壤过氧化氢酶活性与土壤有机质和微生物数量有很强的正相关关系(常凤来等,2005;吴金水等,2006),这与土壤呼吸强度和微生物活动相关,这在一定程度上反映了土壤微生物过程的强度(林先贵,2010)。当 pH<5.0 时过氧化氢酶的活性几乎完全消失(梅守荣,1985)。研究表明,腐心青紫泥田、青紫泥田、青粉泥田和粉泥田耕层土壤过氧化氢酶活性平均值分别为 6.44 mL、8.07 mL、6.93 mL 和 7.98 mL(以 1 g 干土 1 h 内分解的 H_2O_2 对应的 0.01 mol · L^{-1} KMnO$_4$ 体积计),改旱后 4 个水改旱系列耕层土壤过氧化氢酶活性平均值分别降低到 4.96 mL、5.40 mL、4.31 mL 和 2.45 mL,并与改旱年限呈极显著负相关,4 个水改旱系列耕层土壤过氧化氢酶活性与水改旱年限的相关性分别为 $r_1 = -0.77^{**}$ ($n_1 = 18$)、$r_2 = -0.78^{**}$ ($n_2 = 13$)、$r_3 = -0.71^{**}$ ($n_3 = 18$)、$r_4 = -0.80^{**}$ ($n_4 = 18$)。同时,腐心青紫泥田、青紫泥田、青粉泥田和粉泥田改旱系列耕层土壤过氧化氢酶与有机质呈正相关或显著正相关,相关系数分别为 $r_1 = 0.08$($n_1 = 18$)、$r_2 = 0.67^*$ ($n_2 = 13$)、$r_3 = 0.81^{**}$ ($n_3 = 18$)、$r_4 = 0.77^{**}$ ($n_4 = 18$);与土壤微生物生物碳呈极显著正相关,相关系数分别为 $r_1 = 0.69^{**}$ ($n_1 = 18$)、$r_2 = 0.78^{**}$ ($n_2 = 13$)、$r_3 = 0.83^{**}$ ($n_3 = 18$)、$r_4 = 0.98^{**}$ ($n_4 = 18$),并且与土壤 pH 值呈极显著正相关,相关系数分别为 $r_1 = 0.63^{**}$ ($n_1 = 18$)、$r_2 = 0.78^{**}$ ($n_2 = 13$)、$r_3 = 0.66^{**}$ ($n_3 = 18$)、$r_4 = 0.88^{**}$ ($n_4 = 18$)。腐心青紫泥田改旱系列耕层土壤过氧化氢酶活性与土壤有机质未达到显著水平,主要与水田改旱作后土壤添加大量有机物料(蓖麻饼等)而不能为土壤微生物有效利用有关。

水田改旱作后,耕层土壤有机质、土壤微生物生物量碳和土壤 pH 值下降是土壤过氧化氢酶活性降低的重要原因。水田中还原性物质较旱地多,水田大量的还原性物质被氧化过程中,需要大量电子受体,过氧化氢酶活性增强,促进过氧化氢快速分解,分解产物氧分子可以将土壤中的还原性物质氧化,因而水田比改旱作土壤中过氧化氢酶活性强,这也说明水田土壤微生物对有机质有较强的氧化活性。

水改旱系列耕层土壤酶活性如表 3.2 所示。

表 3.2　水改旱系列耕层土壤酶活性

样品号	腐心青紫泥田改旱系列土壤			青紫泥田改旱系列土壤			青粉泥田改旱系列土壤			粉泥田改旱系列土壤		
	脲酶/(mg·g^{-1})	酸性磷酸酶/(mg·g^{-1})	过氧化氢酶/mL	脲酶/(mg·g^{-1})	酸性磷酸酶/(mg·g^{-1})	过氧化氢酶/mL	脲酶/(mg·g^{-1})	酸性磷酸酶/(mg·g^{-1})	过氧化氢酶/mL	脲酶/(mg·g^{-1})	酸性磷酸酶/(mg·g^{-1})	过氧化氢酶/mL
S1	0.23	4.31	6.10	0.10	6.44	8.28	0.26	3.21	6.55	0.21	2.16	7.60
S2	0.22	4.20	6.75	0.11	7.45	7.85	0.18	2.66	7.30	0.19	2.25	8.80
S3	0.24	4.47	6.45	0.12	7.10	6.96	0.34	4.05	4.65	0.20	2.05	7.55
S4	0.22	4.77	6.45	0.08	6.37	6.74	0.27	4.20	4.23	0.22	2.27	2.65
S5	0.25	4.51	5.78	0.11	6.79	6.39	0.40	3.41	4.40	0.28	2.20	2.80
S6	0.21	4.89	4.88	0.12	8.24	5.52	0.45	4.08	5.00	0.19	1.62	2.45
S7	0.25	4.63	5.45	0.11	8.06	6.19	0.35	3.88	3.60	0.25	2.62	1.95
S8	0.23	6.21	5.25	0.11	8.76	4.02	0.48	4.72	4.40	0.26	2.58	3.63
S9	0.28	4.31	5.85	0.10	8.09	4.68	0.34	4.26	3.25	0.29	3.01	3.58
S10	0.27	5.20	5.78	0.10	7.79	4.80	0.33	4.03	4.55	0.22	3.85	3.50
S11	0.28	6.28	5.85	0.12	8.31	4.20	0.33	3.84	4.70	0.27	2.56	1.90
S12	0.33	4.88	4.08	0.13	8.67	5.05	0.38	4.05	5.20	0.29	3.25	2.20
S13	0.27	9.31	4.95	0.15	9.35	4.87	0.31	3.34	4.35	0.22	2.29	2.38
S14	0.32	5.54	5.95	—	—	—	0.41	4.76	4.40	0.28	3.02	2.10
S15	0.40	8.55	3.43	—	—	—	0.54	4.15	4.08	0.24	3.51	2.60
S16	0.38	6.04	4.40	—	—	—	0.40	3.89	4.05	0.42	3.77	1.68
S17	0.38	5.73	4.02	—	—	—	0.36	3.89	4.50	0.35	4.49	1.85
S18	0.36	9.58	3.80	—	—	—	0.56	4.92	3.60	0.39	4.68	1.55

注:脲酶活性以 24 h 内土壤中的 NH_3-N 计,酸性磷酸酶活性以 24 h 内土壤中的酚计,过氧化氢酶活性以 1 g 干土 1 h 内分解的 H_2O_2 对应的 0.01 mol·L^{-1} $KMnO_4$ 体积(mL)计,一表示"无"。

五、乡村旅游目的地土地利用变化后土壤微生物群落结构多样性的变化

为了便于对土壤微生物群落结构进行多样性分析,结合第二章耕层土壤理化性质主成分分析的结果,将腐心青紫泥田改旱系列中旱地土壤分为短期旱地土壤(S5—S11,≤13 年)和长期旱地土壤(S12—S18,>13 年)两个阶段;青紫泥田水改旱系列中旱地土壤分为短期旱地土壤(S3—S9,≤9 年)和长期旱地土壤(S10—S13,>9 年)两个阶段;青粉泥田改旱系列中旱地土壤分为短期旱地土壤(S3—S12,≤14 年)和长期旱地土壤(S12—S18,>14 年)两个阶段;粉泥田改旱系列中旱地土壤分为短期旱地土壤(S4—S10,≤11 年)和长期旱地土壤(S11—S18,>11年)两个阶段。在上述旱地土壤划分的基础上,将水田土壤与旱作不同阶段土壤微生物性质进行对比。

1. 主要微生物类群的特征脂肪酸含量及比率

磷脂是所有生物活细胞重要的膜组分,在真核生物和细菌的膜中磷脂分别占约50%和98%,不同的微生物体拥有不同的酶体系使得有些生物个体的特定脂肪酸稳定遗传,因此,对于一些微生物来说,其特定的磷脂脂肪酸(PLFA)是唯一的(邹雨坤等,2011)。磷脂脂肪酸存在于所有活体细胞膜中且随菌体死亡而迅速降解,与微生物量之间具有高度相关性,因此被广泛作为土壤微生物群落的生物标记(White 等,1979;钟文辉等,2004)。本研究采用 PLFA 生物标记法分析水田改旱作后土壤微生物多样性和微生物群落结构的变化。如图 3.4、图 3.5 所示,腐心青紫泥田、青紫泥田、青粉泥田和粉泥田改旱后,随着水改旱年限的延长,耕层土壤微生物主要营养物质(水分、碳源和氮源)下降,土壤微生物总 PLFAs 含量显著降低,并且 4 个水改旱系列土壤微生物总 PLFAs 与水改旱年限呈极显著负相关,相关性系数分别为 $r_1 = -0.66^{**}$ ($n_1 = 18$)、$r_2 = -0.69^{**}$ ($n_2 = 13$)、$r_3 = -0.81^{**}$ ($n_3 = 18$)、$r_4 = -0.83^{**}$ ($n_4 = 18$);与微生物生物量碳呈极显著正相关,相关性系数分别为 $r_1 = 0.74^{**}$ ($n_1 = 18$)、$r_2 = 0.96^{**}$ ($n_2 = 13$)、$r_3 = 0.90^{**}$ ($n_3 = 18$)、$r_4 = 0.97^{**}$ ($n_4 = 18$)。同时,耕层土壤中细菌、真菌、放线菌的含量减少;革兰氏阴性菌与革兰氏阳性菌的比值(Gram Positive Bacteria/Gram Negative Bacteria,Gm^-/Gm^+)显著降低(图 3.6(a)、图 3.7(a)、图 3.8(a)和图 3.9(a))。在腐心青紫泥田、青紫泥田、青粉泥田和粉泥田改旱系列的水田土壤样品中平均检测到 54 种、64种、57 种和 63 种 PLFAs,旱地土壤样品中平均检测 46 种、54 种、47 种和 53 种 PLFAs,表明水田改旱作后土壤微生物 PLFAs 种类相应减少。水田改旱作后,受土壤通气性增强等因素的影响,腐心青紫泥田和粉泥田改旱系列耕层土壤中真菌

和放线菌在土壤微生物中所占比例增加,青紫泥田改旱系列耕层土壤中真菌在土壤微生物中所占比例先增加后降低,而青粉泥田改旱系列耕层土壤中真菌和放线菌在土壤微生物中所占比例略微降低,推测这与改旱后自然含水量和有机质含量的下降有关。水田改旱作后,4个水改旱系列耕层土壤中细菌在土壤微生物中所占比例变化不明显;青紫泥田和青粉泥田改旱系列耕层土壤中原生动物在土壤微生物中所占比例略微增加,腐心青紫泥田和粉泥田改旱系列耕层土壤中原生动物在土壤微生物中所占比例变化不明显。水田改旱作后,随着土壤通气性等因素的变化,4个水改旱系列耕层土壤中甲烷氧化菌占细菌比例增加,并与水改旱年限呈正相关,4个水改旱系列耕层土壤中甲烷氧化菌占细菌比例与水改旱年限相关系数分别为 $r_1=0.36(n_1=18)$、$r_2=0.48(n_2=13)$、$r_3=0.74^{**}(n_3=18)$、$r_4=0.55^*$ $(n_4=18)$。水田改旱作后,由于土壤通气性增强等因素的影响,腐心青紫泥田、青紫泥田、青粉泥田和粉泥田改旱系列耕层土壤中好氧细菌与厌氧细菌的比值 (Aerobic Bacteria/Anaerobic Bacteria,Aerobic/Anaerobic)显著增加,并与改旱年限呈显著正相关,4个水改旱系列耕层土壤中好氧细菌与厌氧细菌的比值与改旱年限相关系数分别为 $r_1=0.53^*(n_1=18)$、$r_2=0.79^{**}(n_2=13)$、$r_3=0.62^{**}(n_3=18)$、$r_4=0.70^{**}(n_4=18)$。

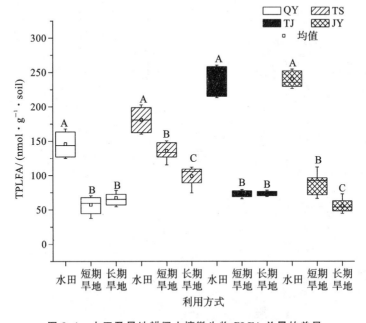

图 3.4 水田及旱地耕层土壤微生物 PLFA 总量的差异

注:QY,TS,TJ 和 JY 分别代表腐心青紫泥田、青紫泥田、青粉泥田和粉泥田改旱系列耕层土壤。同一水改旱系列土壤不同英文字母表示差异性显著($p<0.01$)。

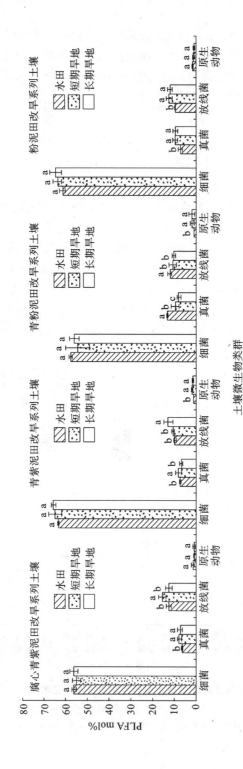

图 3.5　水田及旱地耕层土壤中主要微生物类群相对比率的差异

注：同一水改旱系列土壤同一微生物类群不同英文字母表示差异显著性显著（$p < 0.05$）。

有研究表明,用异式脂肪酸(Iso fatty acids,Iso)与反异支链脂肪酸(Anteiso fatty acids,Anteiso)的比值可以表征养分胁迫(陈振翔等,2005)。本研究表明,腐心青紫泥田、青紫泥田、青粉泥田和粉泥田改旱后,耕层土壤表征养分胁迫的异式脂肪酸与反异支链脂肪酸的比值显著增加(图 3.6(c)、图 3.7(c)、图 3.8(c)和图 3.9(c)),并与 PLFA 总量呈极显著负相关,4 个水改旱系列耕层土壤中异式脂肪酸与反异支链脂肪酸的比值与改旱年限相关性系数分别为 $r_1 = -0.63^{**}$ ($n_1 = 18$)、$r_2 = -0.74^{**}$ ($n_2 = 13$)、$r_3 = -0.79^{**}$ ($n_3 = 18$)、$r_4 = -0.77^{**}$ ($n_4 = 18$)。在饥饿压力下,革兰氏阴性菌会把某些单烯 PLFA 转化为环丙基脂肪酸,因此环丙基脂肪酸与其前体的比值(cyclo/precurso,Cy/Pre)也可以用来指示微生物所处的压力状态(陈振翔等,2005;McKinley 等,2005)。水田改旱作后,表征养分胁迫的 Cy/Pre 显著增强(图 3.6(d)、图 3.7(d)、图 3.8(d)和图 3.9(d)),与 PLFA 总量呈显著负相关,4 个水改旱系列耕层土壤中 Cy/Pre 与水改旱年限相关性系数分别为 $r_1 = -0.61^{**}$ ($n_1 = 18$)、$r_2 = -0.72^{**}$ ($n_2 = 13$)、$r_3 = -0.59^{*}$ ($n_3 = 18$)、$r_4 = -0.67^{**}$ ($n_4 = 18$)。上述结果说明,腐心青紫泥田、青紫泥田、青粉泥田和粉泥田

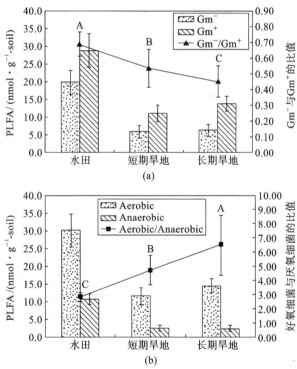

图 3.6　腐心青紫泥田改旱系列耕层土壤中不同微生物脂肪酸绝对含量和其相对比例

注:同一指标不同英文字母表示差异性显著($p < 0.01$),下同。

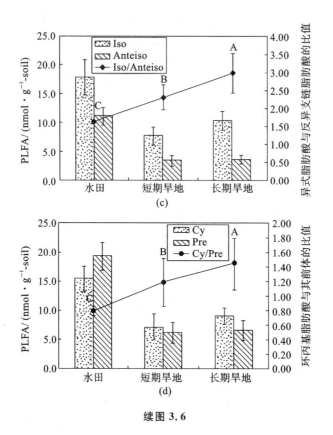

续图 3.6

改旱后,耕层土壤微生物的养分胁迫增强,引起土壤微生物数量减少,这主要与水田改旱作后自然含水量及碳、氮元素含量的降低,以及氮、磷、钾等营养元素的不均衡有关。

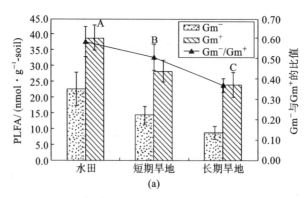

图 3.7　青紫泥田改旱系列耕层土壤中不同微生物脂肪酸绝对含量和其相对比例

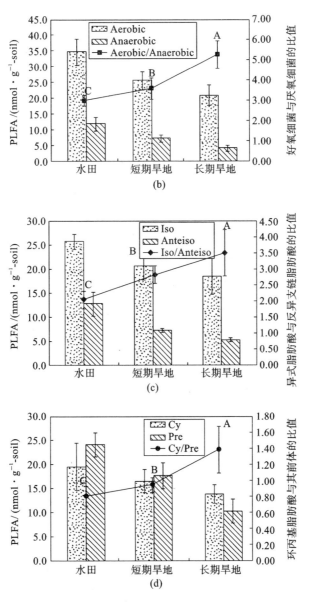

续图 3.7

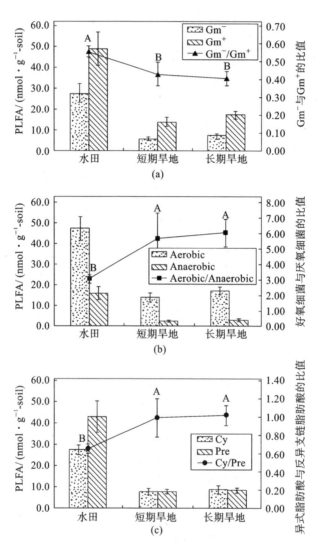

图 3.8 青粉泥田改旱系列耕层土壤中不同微生物脂肪酸绝对含量和其相对比例

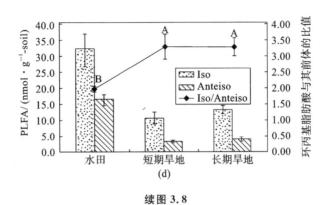

续图 3.8

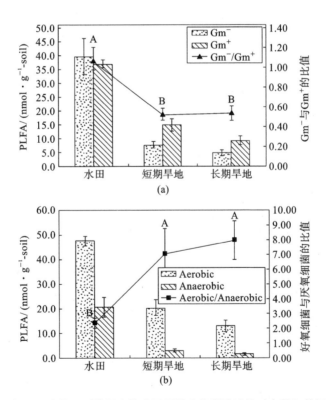

图 3.9 粉泥田改旱系列耕层土壤中不同微生物脂肪酸绝对含量和其相对比例

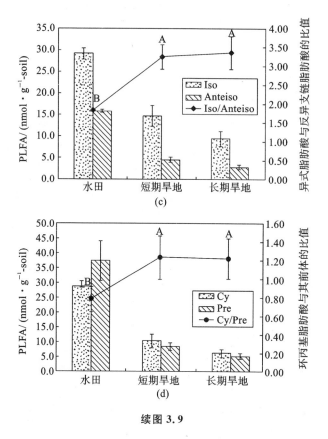

续图 3.9

2. 微生物 PLFA 的冗余分析

以表征耕层土壤微生物种类(以下简称物种)的 PLFA 和环境因子矩阵为基础数据,应用冗余分析(Redundancy Analysis,RDA)方法对腐心青紫泥田、青紫泥田、青粉泥田和粉泥田改旱系列耕层土壤样品中 PLFAs 进行二维排序,得到 RDA 二维排序图(图 3.10 至图 3.13)。图中物种之间或样本之间连线可表示它们之间的亲疏或相似关系,越短表示它们之间差异性越小。样本与物种之间连线表示物种在样方内相对多度的变化,连线越短,则样本中含有该物种越多。带箭头线段与排序轴之间或带箭头线段之间夹角余弦值表示该环境因子与排序轴之间或与环境因子之间相关性大小,箭头所指的方向表示该环境因子的变化趋势。依据土壤样本和不同物种在 RDA 排序图中聚集的结果,区域 α、β 和 γ 分别可代表对照(水田)、短期旱地和长期旱地土壤三个阶段的土壤样本集中区域,A、B 和 C 分别代表对照(水田)、短期旱地和长期旱地土壤中最适物种集中区域。

(1) 腐心青紫泥田改旱系列。

如图 3.10 所示,由于土壤微生物群落结构的差异,腐心青紫泥田土壤样本及

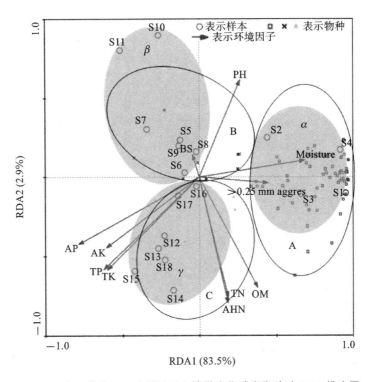

图 3.10　腐心青紫泥田改旱系列土壤微生物磷脂脂肪酸 RDA 排序图

注:图中数字为样品号(各样品改旱作时间详见表 2.1)。不同种类 PLFA 在 A、B、C 三个区域中分别用方形、叉形和三角形表示,不同改旱作年限样本用圆圈表示,环境因子用带有箭头的线段表示。水田样本及其最适物种分别集中在 α(阴影区)和 A 区域内;短期旱作土壤样本及其最适物种分别集中在 β(阴影区)和 B 区域内;长期旱作土壤样本及其最适物种分别集中在 γ(阴影区)和 C 区域内。>0.25 mm aggres:>0.25 mm 水稳定性团聚体;BS:盐基饱和度;OM:有机质;TN:全氮;AHN:碱解氮;TP:全磷;AP:有效磷;TK:全钾;AK:有效钾,下同。不同区域物种的名称如下,区域 A:12:0,14:0,15:0,16:0,17:0,18:0,i14:0,i15:0,a15:0,i16:0,i17:0,i19:0,10Me 16:0,10Me 17:0,10Me 18:0,cyc 17:0,cyc 19:0ω8c,a16:0,i16:0 3OH,18:1ω5c,18:1ω7c,17:1ω8c,15:0 3OH,16:1ω5c,16:1ω7c,10:0 3OH,i18:1,i20:0,14:1ω5c,10:0,11:0,11:0 2OH,i11:0 3OH,i12:0,12:1 3OH,12:0 3OH,12:0 2OH,i13:0,a13:0,13:0,i13:0 3OH,a14:0,15:1ω6c,i17:0 3OH,20:0,20: 1ω7c,19:1ω11c,11Me 18:1ω7c,i19:1,19:1ω6c,i15:0 3OH,16:1ω9c,a17:1,i14:0 3OH,i12:0 3OH,i15:0 2OH,16:1 2OH,16:0 2OH,13:0 2OH,18:0 3OH,i16:1,i14:1;区域 B:18:1 2OH,a18:0,18:3ω6c,i15:1,20:1ω9c,20:4ω6c,i18:0,a17:0;区域 C:11:0 3OH,i11:0,10:0 2OH,14:0 3OH,15:0 2OH,18:2ω6c,18:1ω9c,a17:0 ω9c。

其改旱不同年限土壤样本分别在阴影区域 α、β 和 γ 聚集,不同物种在 A、B 和 C 区域聚集,并明显区分开。依据水田改旱作不同时间土壤样本在 RDA 排序图中聚集的结果可将腐心青紫泥田改旱系列中旱地土壤分为短期旱地土壤(S5—S11,≤

13 年)和长期旱地土壤(S12—S18,>13 年)两个阶段。这与第二章耕层土壤理化性质主成分分析的结果一致。

腐心青紫泥田改旱系列土壤 RDA 分析结果表明,第一排序轴解释了样本中 83.5%的变异,第二排序轴解释了样本中 2.9%的变异。前 4 个排序轴共同解释了土壤微生物群落结构演替中 89.4%的变异(表 3.3)。前 2 个排序轴的物种-环境相关系数均达到 0.92,说明土壤微生物区系与土壤环境因子之间关系密切,土壤环境因子改变是影响土壤微生物群落结构的主要原因。前 4 个排序轴的物种-环境累积百分比变化率达到 97.9%。第一排序轴与自然含水量、全磷、有效磷、全钾和有效钾都呈显著相关($p<0.05$)或极显著($p<0.01$)相关,第二排序轴与 pH 值、有机质、全氮和碱解氮呈显著相关($p<0.05$),第三排序轴与盐基饱和度呈极显著负相关(表 3.4)。

表 3.3　腐心青紫泥田改旱系列土壤环境因子与 PLFA 的冗余分析结果

项　　目	第一排序轴	第二排序轴	第三排序轴	第四排序轴
特征值	0.835	0.029	0.019	0.010
物种-环境相关系数	0.974	0.929	0.884	0.825
物种累积百分比变化率/(%)	83.5	86.4	88.3	89.4
物种-环境累积百分比变化率/(%)	91.4	94.6	96.8	97.9

表 3.4　腐心青紫泥田改旱系列土壤冗余分析排序轴与环境因子的相关系数矩阵

指　　标	第一排序轴	第二排序轴	第三排序轴	第四排序轴
自然含水量	**0.67**^{**}	0.10	0.18	−0.17
>0.25 mm 水稳性团聚体	0.44	−0.04	0.36	0.36
盐基饱和度	−0.04	0.13	**−0.60**^{**}	0.03
pH 值	0.26	**0.57**[*]	−0.12	0.15
有机质	0.37	**−0.65**^{**}	0.17	−0.15
全氮	0.18	**−0.71**^{**}	0.06	0.12
碱解氮	0.18	**−0.74**^{**}	0.18	−0.07
全磷	**−0.61**^{**}	**−0.54**[*]	−0.04	−0.17
有效磷	**−0.77**^{**}	−0.39	−0.05	−0.23
全钾	**−0.58**[*]	**−0.54**[*]	−0.29	0.01
有效钾	**−0.59**[*]	−0.41	−0.23	−0.25
指标组合	自然含水量、>0.25 mm 水稳定性团聚体、全磷、有效磷、全钾、有效钾	pH 值、有机质、全氮、碱解氮	盐基饱和度	

注:* 表示 $p<0.05$,** 表示 $p<0.01$,下同。

(2)青紫泥田改旱系列。

如图 3.11 所示,由于土壤微生物群落结构的差异,青紫泥田及其改旱不同年限的土壤样本和物种在不同区域聚集,并明显区分开。青紫泥田改旱系列中旱地土壤分为短期旱地土壤(S3—S9,≤9 年)和长期旱地土壤(S10—S13,>9 年)两个阶段。

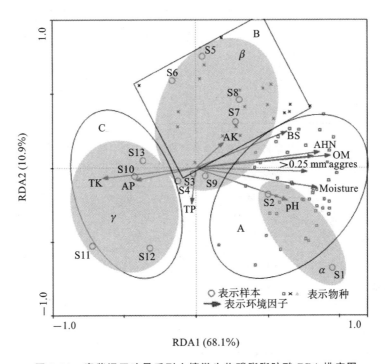

图 3.11 青紫泥田改旱系列土壤微生物磷脂脂肪酸 RDA 排序图

注:不同区域物种的名称如下。区域 A:12:0,14:0,15:0,16:0,17:0,i15:0,i16:0,a17:0,i17:0,10Me 16:0,10Me 17:0,10Me 18:0,cyc 17:0,a16:0,i16:0 3OH,18:1ω7c,17:1ω8c,16:1ω5c,16:1ω7c,10:0 3OH,i18:1,i20:0,14:1ω5c,10:0,11:0,11:0 2OH,i11:0 3OH,i12:0,12:1 3OH,12:0 3OH,i13:0,a13:0,13:0,i13:0 3OH,a14:0,15:1ω6c,i17:0 3OH,20:1ω7c,19:1ω11c,11Me 18:1ω7c,i19:1,19:1ω6c,15:0 2OH,i15:0 3OH,18:1ω9c,i14:0 3OH,i12:0 3OH,i15:0 2OH,i18:0,14:0 3OH,13:0 2OH,18:0 3OH,i16:1,i14:1,11:0 3OH;区域 B:a17:1,a 13:1,i15:1,18:1 2OH,i19:0,a18:0,15:0 3OH,18:1ω5c,20:0,i14:0,12:0 2OH,16:0 2OH,18:0,20:1ω9c,cyc 19:0ω8c,10:0 2OH,16:1ω9c,20:4ω6c,18:3ω6c,a15:0;区域 C:18:2ω6c,i11:0,a12:1,16:1 2OH,20:2ω6c,10Me 19:0。

青紫泥田改旱系列土壤 RDA 分析结果显示,第一排序轴解释了样本中68.1%的变异,第二排序轴解释了样本中 10.9%的变异,前 4 个排序轴共同解释了土壤微生物群落结构演替中 90.7%的变异(表 3.5),前 2 个排序轴的物种-环境相关系数均达到 1.00。前 4 个排序轴的物种-环境累积百分比变化率达到 90.7%。第一排序轴与自然含水量、>0.25 mm 水稳定性团聚体、盐基饱和度、pH 值、有机质、全氮、碱解氮、全钾都呈极显著相关($p<0.01$),第二排序轴与全磷相关性较强,第三排序轴与有效磷和有效钾相关性较强(表 3.6)。

表 3.5 青紫泥田改旱系列土壤环境因子与 PLFA 的冗余分析结果

项 目	第一排序轴	第二排序轴	第三排序轴	第四排序轴
特征值	0.681	0.109	0.063	0.054
物种-环境相关系数	1.000	1.000	1.000	1.000
物种累积百分比变化率/(%)	68.1	79.0	85.3	90.7
物种-环境累积百分比变化率/(%)	68.1	79.0	85.3	90.7

表 3.6 青紫泥田改旱系列土壤冗余分析排序轴与环境因子的相关系数矩阵

指 标	第一排序轴	第二排序轴	第三排序轴	第四排序轴
自然含水量	**0.84****	−0.14	−0.08	0.27
>0.25 mm 水稳性团聚体	**0.81****	0.07	0.07	0.19
盐基饱和度	**0.63****	0.24	−0.17	0.45
pH 值	**0.64****	−0.23	−0.18	**0.63****
有机质	**0.94****	0.08	−0.10	0.10
全氮	**0.77****	−0.03	−0.16	0.21
碱解氮	**0.86****	0.11	−0.19	0.11
全磷	−0.03	−0.24	−0.03	0.00
有效磷	−0.42	−0.08	0.04	−0.46
全钾	**−0.65****	−0.05	−0.15	−0.46
有效钾	0.19	0.16	0.07	0.48
指标组合	自然含水量、>0.25 mm 水稳定性团聚体、盐基饱和度、pH 值、有机质、全氮、碱解氮、全钾	全磷	有效磷、有效钾	

注:** 表示 $p<0.01$,下同。

(3)青粉泥田改旱系列。

如图 3.12 所示,由于土壤微生物群落结构的差异,青粉泥田及其改旱不同年限的土壤样本和物种在不同区域聚集,并明显区分开。青粉泥田改旱系列中旱地土壤分为短期旱地土壤(S3—S11,≤14 年)和长期旱地土壤(S12—S18,>14 年)两个阶段。

　　青粉泥田改旱系列土壤 RDA 分析结果表明,第一排序轴解释了样本中93.1%的变异,第二排序轴解释了样本中1.4%的变异,前 4 个排序轴共同解释了土壤微生物群落结构演替中95.6%的变异(表 3.7),前 2 个排序轴的物种-环境相关系数均达到 0.97 以上。前 4 个排序轴的物种-环境累积百分比变化率达到99.2%。第一排序轴与自然含水量、>0.25 mm 水稳定性团聚体、盐基饱和度、pH 值、有机质、全氮、碱解氮、全磷、有效钾呈显著相关($p<0.05$)或极显著($p<0.01$)相关,第二排序轴与全磷和有效磷呈极显著负相关($p<0.01$),第四排序轴与全钾相关性较强(表 3.8)。

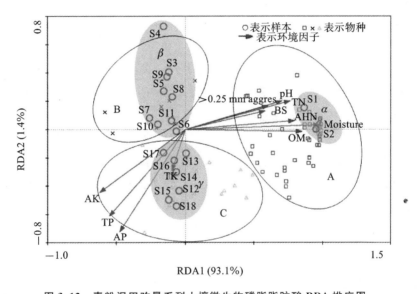

图 3.12　青粉泥田改旱系列土壤微生物磷脂脂肪酸 RDA 排序图

注:不同区域物种的名称如下。区域 A:12:0,14:0,15:0,16:0,17:0,18:0,i16:0,a17:0,i17:0,10Me 16:0,10Me 17:0,10Me 18:0,cyc 17:0,a16:0,i16:0 3OH,18:1ω5c,18:1ω7c,16:1ω9c,17:1ω8c,15:0 3OH,16:1ω5c,16:1ω7c,10:0 3OH,i18:1,i20:0,14:1ω5c,10:0,11:0,11:0 2OH,i12:0,12:1 3OH,12:0 3OH,12:0 2OH,a13:0,13:0,i13:0 3OH,a14:0,i14:1,15:1ω6c,i17:0 3OH,18:1 2OH,20:0,20:1ω7c,19:1ω11c,11Me 18:1ω7c,i19:1,i15:0 3OH,18:1ω9c,20:1ω9c,i14:0 3OH,i12:0 3OH,i15:0 2OH,i18:0,16:0 2OH,18:0 3OH,11:0 3OH;区域 B:13:0 2OH,19:1ω6c,20:2ω6c,a17:1,18:2ω6c,i15:1,a15:0,区域 C:i16:1,10Me 19:0,16:1 2OH,i14:0,cyc 19:0ω8c,10:0 2OH,15:0 2OH,14:0 3OH,i19:0,i11:0,a18:0,18:3ω6c,i15:0,i13:0,20:4ω6c,i11:0 3OH。

表 3.7　青粉泥田改旱系列土壤环境因子与 PLFA 的冗余分析结果

项　　目	第一排序轴	第二排序轴	第三排序轴	第四排序轴
特征值	0.931	0.014	0.007	0.004
物种-环境相关系数	0.989	0.972	0.854	0.821
物种累积百分比变化率/(%)	93.1	94.5	95.2	95.6
物种-环境累积百分比变化率/(%)	96.6	98.1	98.8	99.2

表 3.8　青粉泥田改旱系列土壤冗余分析排序轴与环境因子的相关系数矩阵

指　　标	第一排序轴	第二排序轴	第三排序轴	第四排序轴
自然含水量	**0.96****	0.03	−0.07	−0.02
>0.25 mm 水稳性团聚体	**0.60****	0.16	−0.15	0.04
盐基饱和度	**0.57***	0.13	0.18	−0.09
pH 值	**0.70****	0.20	0.16	−0.08
有机质	**0.84****	−0.01	−0.20	0.03
全氮	**0.76****	0.20	−0.37	0.17
碱解氮	**0.79****	0.06	−0.40	0.08
全磷	**−0.54***	**−0.60****	−0.13	−0.17
有效磷	−0.47	**−0.70****	0.07	−0.13
全钾	−0.10	−0.29	−0.31	0.37
有效钾	**−0.61****	−0.43	−0.16	0.00
指标组合	自然含水量、>0.25 mm 水稳定性团聚体、盐基饱和度、pH 值、有机质、全氮、碱解氮、有效钾	全磷、有效磷		全钾

注:* 表示 $p<0.05$,** 表示 $p<0.01$,下同。

(4) 粉泥田改旱系列。

如图 3.13 所示,由于土壤微生物群落结构的差异,粉泥田及其改旱不同年限的土壤样本和物种在不同区域聚集,并明显区分开。粉泥田改旱系列旱地土壤分为短期旱地土壤(S4—S10,≤11 年)和长期旱地土壤(S11—S18,>11 年)两个阶段。

粉泥田改旱系列土壤 RDA 分析结果表明,第一排序轴解释了样本中 94.1% 的变异,第二排序轴解释了样本中 1.2% 的变异,前 4 个排序轴共同解释了土壤微生物群落结构演替中 96.6% 的变异(表 3.9),前 2 个排序轴的物种-环境相关系数均达到 0.82 以上。前 4 个排序轴的物种-环境累积百分比变化率达到 99.5%。第一排序轴与自然含水量、>0.25 mm 水稳定性团聚体、pH 值、有机质、全氮、碱解氮、有效磷、全钾和有效钾都呈显著相关($p < 0.05$)或极显著($p < 0.01$)相关,第四排序轴与全磷相关性达到显著水平($p < 0.05$)(表 3.10)。

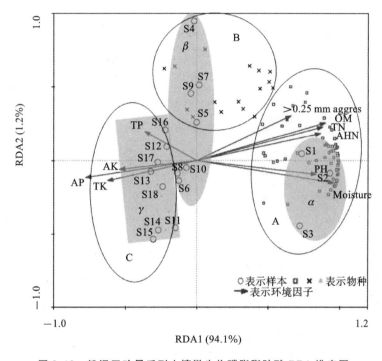

图 3.13 粉泥田改旱系列土壤微生物磷脂脂肪酸 RDA 排序图

注:不同区域物种的名称如下。区域 A:12:0,14:0,15:0,16:0,17:0,18:0,i14:0,i15:0,a15:0,i16:0,a17:0,i17:0,i19:0,10Me 16:0,10Me 17:0,10Me 18:0,cyc 17:0,cyc 19:0ω8c,a16:0,i16:0 3OH,18:1ω5c,18:1ω7c,16:1ω9c,17:1ω8c,15:0 3OH,16:1ω5c,16:1ω7c,10:0 3OH,i18:1,i20:0,14:1ω5c,10:0,10:0 2OH,i11:0,11:0,11:0 2OH,i11:0 3OH,i12:0,12:1 3OH,12:0 3OH,12:0 2OH,i13:0,a13:0,13:0,i13:0 3OH,a14:0,15:1ω6c,i17:0 3OH,a18:0,18:1 2OH,20:0,20:1ω7c,19:1ω11c,11Me 18:1ω7c,i19:1;区域 B:19:1ω6c,15:0 2OH,18:3ω6c,i15:0 3OH,18:1ω9c,18:2ω6c,20:4ω6c,20:1ω9c,a17:1,i14:0 3OH,i12:0 3OH,i15:0 2OH,16:1 2OH,i18:0,14:0 3OH,16:0 2OH;区域 C:13:0 2OH,18:0 3OH,i16:1,i14:1,11:0 3OH,i15:1。

表 3.9 粉泥田改旱系列土壤环境因子与 PLFA 的冗余分析结果

项　　目	第一排序轴	第二排序轴	第三排序轴	第四排序轴
特征值	0.941	0.012	0.008	0.005

项　　目	第一排序轴	第二排序轴	第三排序轴	第四排序轴
物种-环境相关系数	0.994	0.899	0.820	0.841
物种累积百分比变化率/(%)	94.1	95.4	96.1	96.6
物种-环境累积百分比变化率/(%)	96.9	98.2	99.0	99.5

表 3.10　粉泥田改旱系列土壤冗余分析排序轴与环境因子的相关系数矩阵

指　　标	第一排序轴	第二排序轴	第三排序轴	第四排序轴
自然含水量	**0.95**＊＊	−0.14	−0.08	0.13
>0.25 mm 水稳性团聚体	**0.66**＊＊	0.27	−0.01	−0.19
pH 值	**0.83**＊＊	−0.08	−0.04	−0.39
有机质	**0.90**＊＊	0.23	0.00	−0.08
全氮	**0.88**＊＊	0.21	0.03	−0.06
碱解氮	**0.86**＊＊	0.17	0.14	−0.11
全磷	−0.36	0.18	−0.23	**0.52**＊
有效磷	**−0.77**＊＊	−0.10	−0.18	0.29
全钾	**−0.62**＊＊	−0.12	−0.19	**0.48**＊
有效钾	**−0.54**＊	−0.05	−0.35	0.30
指标组合	自然含水量、>0.25 mm 水稳定 性团聚体、pH 值、有机质、全氮、 碱解氮、有效磷、全钾、有效钾			全磷

注：＊ 表示 $p<0.05$，＊＊ 表示 $p<0.01$，下同。

六、乡村旅游目的地土地利用方式变化后土壤微生物基因多样性的变化

1. 微生物 DGGE 指纹图谱及聚类分析

土壤样品经过冷冻干燥的预处理后，提取细菌总 DNA，并对每个土壤样本总细菌的 DNA 进行扩增。将扩增后的 PCR 产物上样进行变性梯度凝胶电泳分析，电泳结束后用 SYBR Green 染色，在紫外光下，用凝胶成像系统(Bio-Rad)拍照。图 3.14、图 3.16、图 3.18 和图 3.20 为水改旱耕层系列土壤总细菌 16S rDNA 基

因片段的 DGGE 图谱,不同含量的细菌在图谱上形成明暗不同的条带,条带类型和相对亮度表明土壤细菌的种类和相对丰度,各泳道差异表征各样品细菌多样性差异及样品之间亲缘关系。

(1) 腐心青紫泥田水改旱系列。

如图 3.14 所示,泳道 S1—S4 代表水田土壤样本,泳道 S5—S18 代表旱地土壤样本。依据土壤总细菌 DGGE 聚类分析的结果(图 3.15),旱地土壤样本可进一步划分为短期旱地土壤样本(S5—S11)和长期旱地土壤样本(S12—S18)。

图 3.14 所示,代表水田样本的泳道(S1—S4)中条带相对复杂,这表明水田中土壤微生物种类更加丰富多样,这与水田土壤中含有较高的水分、有机碳源和氮源等营养物质,以及氧化还原状况较复杂有关。在图 3.14 中,可以发现代表水田土壤样本的泳道(S1—S4)中条带比较相似,而代表短期旱地土壤的泳道(S5—S11)中条带相近,且代表长期旱地土壤的泳道(S12—S18)中条带相似,这说明水田改旱作后,土壤细菌的基因多样性发生阶段性变化,同一改旱阶段土壤中基因多样性相似度较高。

对耕层土壤总细菌 DGGE 指纹图谱进行聚类分析,结果显示,腐心青紫泥田改旱系列耕层土壤样品被分为两簇,一簇属于水田土壤,另一簇为旱地土壤;而旱地土壤又可以分为两簇,分别为短期旱地土壤和长期旱地土壤。该分组结果与PLFA 资料的冗余分析结果一致。水田改旱作后,水田和旱地土壤之间细菌的基因多样性存在较大差异,水田和旱地土壤的相似度为 0.46,而短期旱地和长期旱地土壤中细菌基因条带之间的相似度为 0.56。以上结果表明,土壤细菌的基因多样性发生了阶段性变化,水田和旱地之间的差异性,要大于短期旱地土壤与长期旱地土壤之间的差异性,土地利用方式变化(水改旱)要大于利用年限对土壤细菌基因多样性的影响。

(2) 青紫泥田水改旱系列。

如图 3.16 所示,泳道 S1 和 S2 代表水田土壤样本,泳道 S3—S13 代表旱地土壤样本。依据土壤总细菌 DGGE 聚类分析的结果(图 3.17),旱地土壤样本可划分为短期旱地土壤样本(S3—S9)和长期旱地土壤样本(S10—S13)。

对耕层土壤总细菌 DGGE 指纹图谱进行聚类分析,结果显示,青紫泥田改旱系列耕层土壤样品被分为两簇,一簇属于水田土壤,另一簇为旱地土壤;而旱地土壤又可以分为两簇,分别为短期旱地土壤和长期旱地土壤。该分组结果与 PLFA 资料的冗余分析结果一致。水田改旱作后,水田和旱地土壤之间细菌的基因多样性存在较大差异,水田和旱地土壤的相似度为 0.53,而短期旱地和长期旱地土壤中细菌基因条带之间的相似度为 0.65。

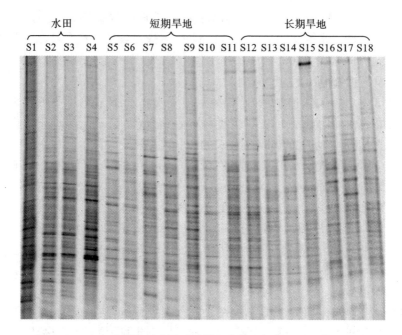

图 3.14 腐心青紫泥田改旱系列耕层土壤总细菌 DGGE 指纹图谱

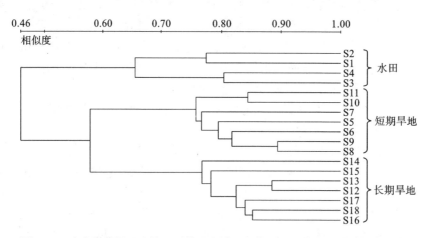

图 3.15 腐心青紫泥田改旱系列耕层土壤总细菌 DGGE 指纹图谱的聚类分析

（3）青粉泥田水改旱系列。

如图 3.18 所示,泳道 S1 和 S2 代表水田土壤样本,泳道 S3—S18 代表旱地土壤样本。依据土壤总细菌 DGGE 聚类分析的结果(图 3.19),旱地土壤样本可划分为短期旱地土壤样本(S3—S11)和长期旱地土壤样本(S12—S18)。

对耕层土壤总细菌 DGGE 指纹图谱进行聚类分析,结果显示,青粉泥田改旱

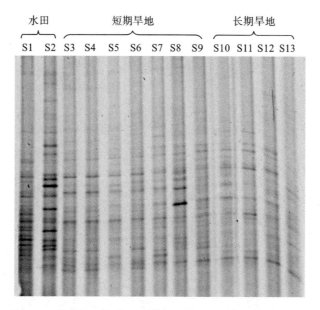

图 3.16　青紫泥田改旱系列耕层土壤总细菌 DGGE 指纹图谱

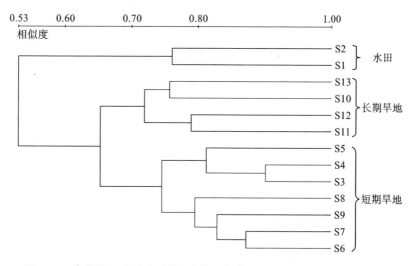

图 3.17　青紫泥田改旱系列耕层土壤总细菌 DGGE 指纹图谱的聚类分析

系列耕层土壤样品被分为两簇,一簇属于水田土壤,另一簇为旱地土壤;而旱地土壤又可以分为两簇,分别为短期旱地土壤和长期旱地土壤。水田改旱作后,水田和旱地土壤之间细菌的基因多样性存在较大差异,水田和旱地土壤的相似度为0.50,而短期旱地和长期旱地土壤中细菌基因条带之间的相似度为0.64。

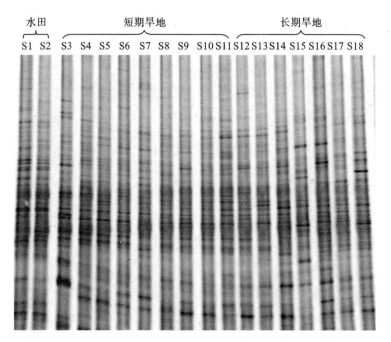

图 3.18 青粉泥田改旱系列耕层土壤总细菌 DGGE 指纹图谱

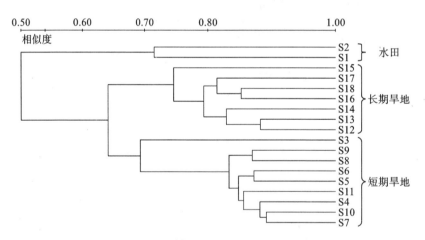

图 3.19 青粉泥田改旱系列耕层土壤总细菌 DGGE 指纹图谱的聚类分析

（4）粉泥田水改旱系列。

如图 3.20 所示，泳道 S1—S3 代表水田土壤样本，泳道 S4—S18 代表旱地土壤样本。依据土壤总细菌 DGGE 聚类分析的结果（图 3.21），旱地土壤样本可划分为短期旱地土壤样本（S4—S10）和长期旱地土壤样本（S11—S18）。

对耕层土壤总细菌 DGGE 指纹图谱进行聚类分析，结果显示，青粉泥田改旱

系列耕层土壤样品被分为两簇,一簇属于水田土壤,另一簇为旱地土壤;而旱地土
壤又可以分为两簇,分别为短期旱地土壤和长期旱地土壤。水田改旱作后,水田
和旱地土壤之间细菌的基因多样性存在较大差异,水田和旱地土壤的相似度为
0.58,而短期旱地和长期旱地土壤中细菌基因条带之间的相似度为0.65。

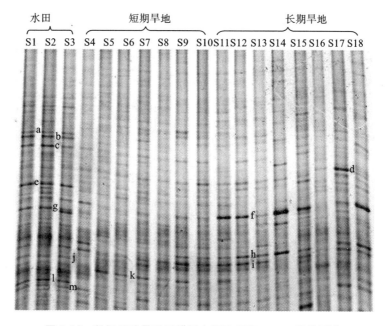

图 3.20　粉泥田改旱系列耕层土壤总细菌 DGGE 指纹图谱

2. 微生物群落基因香农-维纳多样性指数分析

采用香农-维纳多样性指数(Shannon-Wiener's Diversity Index),表征了不同
土壤样品中微生物的多样性指数,计算公式如下:

$$SW = -\sum_{i=1}^{n} pi \ln pi$$

式中:SW——为香农-维纳多样性指数;

pi——某群落中第 i 个类型的物种占总物种的百分比。

根据此公式分别计算 4 个水改旱系列中土壤微生物多样性指数。

通过对图 3.14、图 3.16、图 3.18 和图 3.20 进行多样性分析,结果表明,不同
样品的香农-维纳多样性指数存在一定的差异性。整体表现为,4 个水改旱系列耕
层土壤中均为水田土壤香农-维纳多样性指数最高,其次为短期旱地土壤,长期旱
地土壤多样性指数最低(表 3.11)。表明水田改旱作后,由于土壤水分、有机质和
氮素等营养物质减少,变动的氧化还原状况减弱,导致耕层土壤中细菌的多样性
降低。

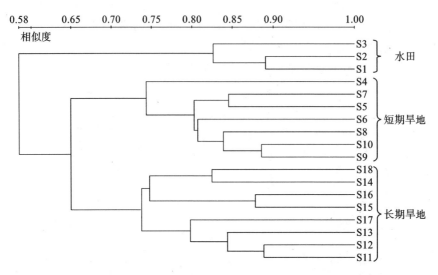

图 3.21　粉泥田改旱系列耕层土壤总细菌 DGGE 指纹图谱的聚类分析

表 3.11　水改旱系列耕层土壤总细菌的香农-维纳多样性指数

样品号	腐心青紫泥田改旱系列 ($n=18$)	青紫泥田改旱系列 ($n=13$)	青粉泥田改旱系列 ($n=18$)	粉泥田改旱系列 ($n=18$)
S1	3.36	3.14	3.43	5.14
S2	3.34	3.15	3.41	5.14
S3	3.33	2.69	2.95	5.13
S4	3.32	2.69	2.95	4.84
S5	3.02	2.70	2.95	4.82
S6	3.03	2.70	2.98	4.84
S7	3.02	2.70	2.96	4.83
S8	3.02	2.69	2.96	4.81
S9	3.02	2.70	2.95	4.78
S10	2.97	2.39	2.96	4.82
S11	2.96	2.40	2.96	4.48
S12	2.87	2.41	2.91	4.50
S13	2.93	2.39	2.90	4.51
S14	2.87	—	2.90	4.43

续表

样品号	腐心青紫泥田改旱系列 （n＝18）	青紫泥田改旱系列 （n＝13）	青粉泥田改旱系列 （n＝18）	粉泥田改旱系列 （n＝18）
S15	2.88	—	2.90	4.45
S16	2.87	—	2.92	4.54
S17	2.87	—	2.91	4.53
S18	2.86	—	2.91	4.50

注：—表示"无"。

3. 微生物 DGGE 指纹图谱的发育树分析

选择水田和改旱后土壤 DGGE 指纹图谱差异较明显的系列土壤（粉泥田改旱系列耕层土壤），将清晰的且不同样品间具有较大差异性的条带从 DGGE 胶片上割下，克隆、测序，在美国国家生物技术信息中心（National Center of Biotechnology Information, NCBI）比对，并上传到该基因库中（序列号为 KF952584 到 KF952596），构建 16S rDNA 基因序列的系统发育树（图 3.22）。

结果表明，条带 a、b、e、g、j 和 l 分别与 Reyranella、Anaerolineaceae、Bellilinea、Steroidobacter、Thermanaerothrix 和 Chlorobium 相似度最高，它们均属于微需氧或专性厌氧菌（Eisen 等，2002；Yamada 等，2006，2007；Fahrbach 等，2008；Grégoire 等，2011；Pagnier 等，2012）。由于土壤通气性增强及土壤水分、碳源和氮源等主要营养成分的降低，从样品 S1 到 S18，上述条带的强度有减弱的趋势。条带 d、f、h、i、k 和 m 分别与 Sphingomonas、Bacillus、Actinomadura、Sporichthyaceae、Pseudoxanthomonas 和 Actinomycetales 相似度最高，它们均属于严格需氧或兼性厌氧菌（阎逊初，1990；Fredrickson 等，1995；Yoo 等，2007），由于土壤通气增强，在样品 S1 到 S18 中，这些条带的亮度有逐渐增强的趋势。此外，条带 c 与 Conexibacter 非常相似，为需氧的腐生菌，从样品 S1 到 S18，该条带强度略微减弱，推测是由于土壤水分、碳源和氮源等主要养分减少，引起该细菌数量的减少（Pukall 等，2010）。测序结果表明，h、i、c 和 m 代表的细菌属于放线菌门，l 代表的细菌属于绿菌门，d、a、g 和 k 代表的细菌属于变形菌门，b、j、e 和 f 代表的细菌属于绿弯菌门和厚壁门。水改旱对土壤细菌基因多样性产生显著影响，土壤中的主要营养物质（水分、碳源和氮源）和土壤通气状况是影响土壤中细菌多样性差异的最主要因素。由于水田中主要营养物质含量较高，且具有复杂的氧化还原状况，使得水田中细菌总量较高，且种类较丰富。

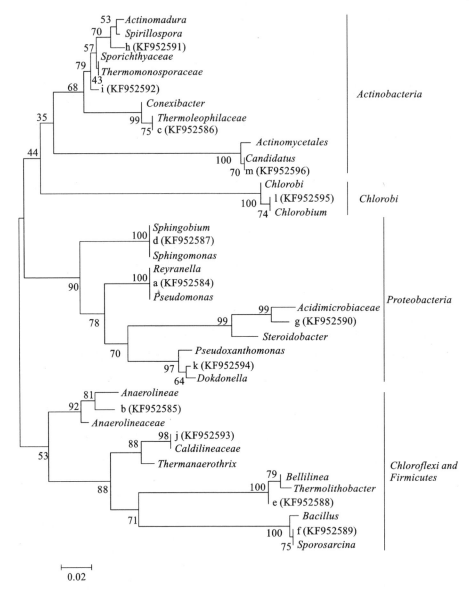

图 3.22　粉泥田改旱系列耕层土壤中总细菌 16S rDNA 基因序列系统发育树

注:字母 a 到 m 表示代表性克隆的条带序列,括号内的字母为测序后上传至 NCBI 的序列号。

第三节 讨论与结论

一、乡村旅游目的地土地利用方式变化后耕层土壤微生物群落结构演变过程及特征

土壤微生物群落结构与土壤环境因子密切相关,一方面由于土壤环境的改变能够影响土壤微生物的群落结构和功能;另一方面土壤微生物群落结构和功能也会影响土壤中各种养分的循环转化过程,从而影响土壤养分等环境因子的形态和数量。近年来,不合理的土地利用所引起的土壤退化问题逐渐受到人们的关注。土壤退化包括有机质的分解或含量下降、土壤养分的消耗(包括养分供应比例失调)、土壤酸化、土壤微生物生物量和微生物商下降、生物活性降低、不合理的耕作管理(如连作)引起有害生物(如病原菌)的增加等(曾希柏等,2003;孙波等,2011)。在本研究中,水田改旱作后,随着耕层自然含水量、碳源和氮源含量的下降,土壤微生物可利用的主要营养物质减少,导致土壤微生物生物量碳、生物量氮降低,表征土壤微生物活性的土壤呼吸强度减弱。水田改旱作后土壤微生物群落结构发生显著变化,土壤微生物磷脂脂肪酸总量和种类减少,好氧细菌相对于厌氧细菌增加,革兰氏阴性菌相对于革兰氏阳性菌减少。水田改旱作后,由于土壤微生物可利用的主要营养物质减少,养分供应比例失调等,表征养分胁迫的 Cy/Pre 和 Iso/Anteiso 增加。以上结果表明,水田改旱作后土壤微生物性质下降,土壤退化,并对农业土地(土壤)的可持续利用及生态环境带来了不利影响。

通过对比 4 个水改旱系列冗余分析排序图(图 3.10 至图 3.13)可知,青紫泥田、青粉泥田和粉泥田改旱系列耕层土壤冗余分析结果与规律较为相似,3 个系列土壤环境因子中自然含水量、有机质和碱解氮(或全氮)与第一排序轴正方向夹角余弦值最大,线段较长,且与第一排序轴相关性最大,呈极显著正相关($p<0.01$),因而在青紫泥田、青粉泥田和粉泥田改旱系列土壤中,自然含水量、有机质和氮素是决定水田和旱作微生物群落结构差异的最重要因子。此外,这三种环境因子沿水田样本聚集方向(α)增加最明显,这说明它们与水田微生物群落关系最密切,即在 A 区域出现的土壤微生物对水分、碳素和氮素依赖性较强。腐心青紫泥田改旱系列土壤中由于蓖麻饼等有机肥施用量较大,提高了土壤有机质和有机氮含量,如前文分析,土壤微生物对这类有机质利用率较低,因而该系列土壤中土壤有机质和氮素含量的变化,未对土壤微生物群落结构带来显著影响。钾素和磷素在旱作土壤特别是长期旱作土壤(γ 和 C 区域)积累较明显,说明 C 区域的微生物更适

合在磷素和钾素含量较高的生境中生长。腐心青紫泥田改旱系列土壤环境因子和 PLFAs 的冗余分析结果表明,土壤环境因子中自然含水量、磷素和钾素与第一排序轴夹角余弦值最大,且与第一排序轴呈显著相关($p<0.05$);腐心青紫泥田改旱系列冗余分析结果与其他系列有一定差异,主要与该系列土壤施入有机物料、磷肥和钾肥较多,改变了水田改旱作后土壤有机质的一般变化趋势,更加凸显了磷素和钾素在水田改旱作后土壤微生物群落结构演变中的作用有关。

RDA 分析表明,水田与旱作不同年限的土壤样本在排序图中不同区域聚集,并明显区分开,表明水田改旱作后土壤微生物群落结构发生了阶段性变化,水田与改旱作不同阶段土壤的微生物群落差异明显,改旱作同一阶段土壤微生物群落结构有较大相似性。旱作不同阶段样本聚集区域 β 和 γ 的距离较近,而它们与水田样本聚集区域 α 相隔较远,说明不同利用方式对微生物群落结构的影响,要大于同一利用方式不同耕作时间对微生物群落结构的影响,这与其他文献中关于不同利用方式和不同利用年限对微生物群落结构的影响的结论一致(Xue 等,2008)。通过对比 4 个水改旱系列 RDA 分析结果表明,粉泥田改旱系列第一主成分解释样本中变异最高,为 94.1%,青紫泥田改旱系列第一主成分解释样本中变异最低,为 68.1%;粉泥田改旱系列前 4 个排序轴解释土壤微生物群落结构演替中变异最高,为 96.6%;腐心青紫泥田改旱系列前 4 个排序轴共同解释土壤微生物群落结构演替中变异最低,为 89.4%。主成分解释样本中变异的大小,主要与土壤环境因子的变化及土壤微生物群落结构的响应程度有关。

二、乡村旅游目的地土地利用变化后耕层土壤微生物基因多样性演变过程及特征

DGGE 指纹图谱(图 3.14、图 3.16、图 3.18 和图 3.20)所示,在腐心青紫泥田、青紫泥田、青粉泥田和粉泥田改旱系列土壤中,由于水田含有较高土壤水分、有机碳源、氮源,以及复杂的氧化还原状况,因而表征水田土壤的泳道中条带较复杂,亮度也整体较强,表明水田土壤较改旱作后的土壤细菌数量多,种类更加丰富。通过对 DGGE 指纹图谱进行聚类分析表明,每个系列水改旱土壤都被分为 2簇,一簇属于水田土壤,另一簇为旱地土壤;而旱地土壤又可以分为两簇,分别为短期旱地土壤和长期旱地土壤。水田土壤和旱地土壤具有较大差异性,4 个水改旱系列水田土壤与旱地土壤的相似度分别为 0.46、0.53、0.50 和 0.58;而 4 个水改旱系列短期旱地土壤和长期旱地土壤相似度相对较高,分别为 0.56、0.65、0.64和 0.65。表明水田改旱作后,土壤细菌基因多样性发生变化,并且随着改旱年限的延长,土壤细菌群落逐渐发生演替;通过对比水田、短期旱地和长期旱地土壤细菌基因的相似度可以得出,本研究中,土地利用变化(水田改旱作)对土壤细菌基

因多样性的影响要大于利用年限的影响。水田在淹水条件下,土壤中的氧气很快为土壤微生物消耗殆尽,使土壤处于厌氧状态;通过对粉泥田改旱系列耕层土壤中细菌 DNA 的测序表明,水田改旱作后,耕层土壤中厌氧细菌和微需氧细菌数量和种类明显减少,一部分好氧细菌数量增加,而另一部分好氧细菌由于受土壤水分、碳源和氮源下降的影响,数量减少。分析表明,水田改旱作后耕层土壤细菌基因香农-维纳多样性指数降低。

第四节　本 章 小 结

　　本章以乡村旅游目的地 4 种类型水稻土及其改旱作后的系列耕层土壤为研究对象,采用 PLFA 生物标记法和 PCR-DGGE 技术等生物技术,研究了乡村旅游目的地水田利用方式改变后耕层土壤中微生物生物量、土壤呼吸强度、土壤酶活性、土壤微生物群落结构和基因多样性的演变规律。结果表明,水田改旱作后,由于自然含水量、碳源和氮源减少,土壤酸化等因素的影响,土壤微生物生物量碳、氮显著降低,土壤微生物商下降,土壤呼吸强度明显减弱。此外,土壤酶活性也发生显著变化:土壤脲酶活性增加,说明有机态氮向无机态氮的转化能力增强;受土壤中可供微生物利用的磷素(底物)增多等因素的影响,土壤酸性磷酸酶活性增加;由于土壤有机质和微生物数量下降等因素的影响,过氧化氢酶活性降低。随着改旱年限的延长,土壤微生物群落结构发生了阶段性变化,但不同利用方式与同一利用方式不同耕作年限相比,微生物群落结构对前者的响应程度更明显。水改旱过程中,耕层土壤微生物磷脂脂肪酸总量和种类逐渐减少,微生物群落结构发生改变,表征养分胁迫的 Cy/Pre 和 Iso/Anteiso 增加;DGGE 指纹图谱技术分析表明,水田改旱作后厌氧和微需氧细菌数量减少,多数好氧细菌数量增加。研究表明,水田改旱作后土壤环境因子改变是引起土壤微生物群落结构等土壤微生物学性质变化的主要原因;水田改旱作后土壤微生物学性质发生明显变化,土壤碳氮循环能力下降,并对土壤肥力及土壤生态环境带来重要影响;水田和改旱作后土壤相对比,水田中土壤微生物群落结构更加复杂多样,土壤微生物基因种类和数量比较丰富,表明水田是土地(壤)可持续利用的一种有效方式。

第四章　乡村旅游目的地土壤剖面形态特征及发生学特性的演变

水稻土是在长期水耕熟化过程中,在频繁的人为管理措施影响下形成的。水稻土中氧化还原过程不断交替,淹水时元素的还原淋溶、排水氧化淀积以及水耕粘闭等特有的过程,对水稻土剖面的层次结构的形成以及一系列理化性质的变化有着极其深刻的、与旱作土壤迥然不同的影响。水稻土氧化还原状况的周期性交替及还原过程占优势的特点,是其与自然土壤和农用旱作土壤的最本质区别(丁昌璞等,2011)。在渍水条件下,水田中铁、锰的还原淋溶和氧化淀积是水稻土形成的重要特征(龚子同等,1999)。铁和锰都是土壤中性质较为活泼的变价元素,在氧化还原条件变动的情况下,铁和锰可因得失电子而淋溶或淀积。

随着浙江农村地区经济结构调整和乡村旅游发展,一些乡村大力开发休闲农业旅游资源,将一些水田改种经济林,或是改种果树等经济作物,以满足游客的休闲娱乐、观赏游玩、采摘体验等需求。水田改种其他旱作植物后,促进土壤水耕熟化的人为滞水条件不复存在,土壤剖面的氧化还原环境发生了明显的变化,土体由还原过程为主向氧化过程为主过渡,土壤剖面形态和发生学特性发生改变,水稻土的一些诊断层和诊断特性也逐渐消失或不再存在。以往关于水改旱土壤形态特征和发生学性质的研究较少,主要对比了水田和旱地土壤形态的差异及土壤游离铁、活性铁含量的变化(Takahashi等,1999;方利平和章明奎,2006),而关于水田改旱作后土壤形态特征和发生学特性的演变趋势尚缺乏系统研究。本章在浙江省范围内选择并构建 5 个水改旱系列土壤剖面,采用时空互代法,研究了水田改旱作后土壤剖面形态特征变化及发生学特性的演变规律,并为水田改旱作后土壤类型的演变提供诊断依据。

第一节　材料与方法

一、供试土壤

2012 年 3 月中旬至 2013 年 3 月上旬,在浙江省范围内选择并构建了 5 个水改旱系列,共 15 个具有代表性的土壤剖面(分别采自 15 个独立的田块),分别为腐心青紫泥田改旱系列(QYP)、青粉泥田改旱系列(TJP)、黄泥砂田改旱系列(QTJP)以及青紫泥田改旱系列(TSP)、小粉泥田改旱系列(JYP),共 63 个分层土样;在农业和旅游融合发展过程中,水田改种葡萄树、桃树、柚子树和香樟树。每个系列包含一个长期种植水稻的土壤剖面和 2 个水改旱不同年限的土壤剖面。

(1) 腐心青紫泥田改旱系列土壤剖面(QYP)。采集于 2012 年 11 月下旬,采集地点为嘉兴市南湖区大桥镇江南村(地理坐标详见表 4.1),共采集 3 个土壤剖面的 9 个分层土样。依据第二次土壤普查资料,该系列土壤中长期种植水稻的土壤属于水稻土土类,脱潜潴育型水稻土亚类,青紫泥田土属,腐心青紫泥田土种(嘉兴市土壤志编辑委员会,1991)。该系列同时采集了位置相邻的 1 个水田土壤剖面和 2 个改旱旱地土壤剖面(改旱时间分别为 7 年和 15 年,改旱前土地利用方式均为水田),地形为平原,海拔均为 2.7 m,成土母质为湖沼相淤积物。供试土壤其他信息详见表 4.1。

(2) 青紫泥田改旱系列土壤剖面(TSP)。采集于 2012 年 5 月上旬,采集地点为绍兴市柯桥区福全街道赵家畈村(地理坐标详见表 4.1),共采集 3 个土壤剖面,15 个土壤样品。依据第二次土壤普查资料,该系列土壤中长期种植水稻的土壤属于水稻土土类,脱潜潴育型水稻土亚类,青紫泥田土属,青紫泥田土种(浙江省绍兴市农业局,1991)。该系列同时采集了位置相邻的 1 个水田土壤剖面和 2 个改旱旱地土壤剖面(改旱时间分别为 12 年和 19 年,改旱前土地利用方式均为水田),地形为平原,海拔均为 4.8 m,成土母质为湖海相沉积物。供试土壤其他信息详见表 4.1。

(3) 青粉泥田改旱系列土壤剖面(TJP)。采集于 2013 年 3 月上旬,采集地点为杭州市余杭区瓶窑镇窑北村(地理坐标详见表 4.1),共采集 3 个土壤剖面,15 个土壤样品。依据第二次土壤普查资料,该系列土壤中长期种植水稻的土壤属于脱潜潴育型水稻土亚类,青粉泥田土属,青粉泥田土种(杭州市土壤普查办公室,1991)。该系列同时采集了位置相邻的 1 个水田土壤剖面和 2 个改旱旱地土壤剖面(改旱时间分别为 8 年和 20 年,改旱前土地利用方式均为水田),地形为平原,海拔均为 4.8 m,成土母质为湖海相沉积物。供试土壤其他信息详见表 4.1。

(4) 小粉泥田改旱系列土壤剖面(JYP)。采集于 2012 年 12 月上旬,采集地点为杭州市萧山区新塘街道霞江村(地理坐标详见表 4.1),共采集 3 个土壤剖面,12 个土壤样品。依据第二次土壤普查资料,该系列土壤中长期种植水稻的土壤属于潴育型水稻土亚类,小粉田土属,小粉泥田土种(杭州市土壤普查办公室,1991)。该系列同时采集了位置相邻的 1 个水田土壤剖面和 2 个改旱旱地土壤剖面(改旱时间分别为 8 年和 15 年,改旱前土地利用方式均为水田),地形为平原,海拔均为 5.2 m,成土母质为河海相沉积物。供试土壤其他信息详见表 4.1。

(5) 黄泥砂田改旱系列土壤剖面(QTJP)。为了对比平原地区和丘陵地区水改旱土壤性质及演变速率的差异,本研究于 2012 年 3 月中旬,在衢州市常山县白石镇蒋连铺村(地理坐标详见表 4.1),采集了 3 个土壤剖面,12 个土壤样品。依据第二次土壤普查资料,该系列土壤中长期种植水稻的土壤属于潴育型水稻土亚类,黄泥砂田土属,黄泥砂田土种(衢州市农业局,1994)。该系列同时采集了位置相邻的 1 个水田土壤剖面和 2 个改旱旱地土壤剖面(改旱时间分别为 12 年和 25 年,改旱前土地利用方式均为水田),地形为丘陵,海拔均为 149 m,成土母质为黄壤和红壤的坡积物。供试土壤其他信息详见表 4.1。

表 4.1 土壤剖面样品基本信息

剖面系列	采样地点	剖面号	旱作年限/a	纬度	经度	发生分类土壤类型	利用方式	植被
腐心青紫泥田改旱系列土壤剖面	嘉兴市南湖区大桥镇江南村	QYP₁	0	30°44′50″	120°51′47″	腐心青紫泥田	水田	单季稻
		QYP₂	7	30°44′52″	120°52′9″	改旱作前为腐心青紫泥田	果园	葡萄树
		QYP₃	15	30°45′1″	120°51′56″			
青紫泥田改旱系列土壤剖面	绍兴市柯桥区福全街道赵家畈村	TSP₁	0	29°58′27″	120°30′2″	青紫泥田	水田	单季稻
		TSP₂	12	29°58′28″	120°30′1″	改旱作前为青紫泥田	林地	香樟树
		TSP₃	19	29°58′27″	120°30′0″			
青粉泥田改旱系列土壤剖面	杭州市余杭区瓶窑镇窑北村	TJP₁	0	30°24′27″	119°56′24″	青粉泥田	水田	单季稻
		TJP₂	8	30°24′26″	119°56′23″	改旱作前为青粉泥田	果园	桃树
		TJP₃	20	30°24′24″	119°56′18″			
小粉泥田改旱系列土壤剖面	杭州市萧山区新塘街道霞江村	JYP₁	0	30°8′43″	120°19′26″	小粉泥田	水田	双季稻
		JYP₂	8	30°8′42″	120°19′22″	改旱作前为小粉泥田	林地	香樟树
		JYP₃	15	30°8′30″	120°19′26″			
黄泥砂田改旱系列土壤剖面	衢州市常山县白石镇蒋连铺村	QTJP₁	0	28°50′46″	118°25′34″	黄泥砂田	水田	单季稻
		QTJP₂	12	28°50′46″	118°25′34″	改旱作前为黄泥砂田	果园	柚子树
		QTJP₃	25	28°50′45″	118°25′33″			

根据其剖面发育状况,确定发生层及其深度,分层采集土壤样品。为增强可比性,样品在采集时,同一系列的土壤剖面样品空间距离尽量靠近,原则上同一系列的任意 2 个剖面直线距离不超过 400 m;同时,在采集水田改旱作后的土壤剖面样品时,做了一定技术处理,即同一系列不同剖面相似发生层取土深度尽可能保持一致。腐心青紫泥田改旱系列土壤剖面 0~14 cm,青紫泥田改旱系列土壤剖面 0~12 cm,青粉泥田改旱系列土壤剖面 0~17 cm,小粉泥田改旱系列土壤剖面 0~12 cm 和黄泥砂田改旱系列土壤剖面 0~15 cm 深度土层相当于水田和旱作土壤的耕作层(表层)。腐心青紫泥田改旱系列土壤剖面 14~30 cm,青紫泥田改旱系列土壤剖面 12~25 cm,青粉泥田改旱系列土壤剖面 17~30 cm,小粉泥田改旱系列土壤剖面 12~22 cm 和黄泥砂田改旱系列土壤剖面 15~28 cm 深度土层相当于水田和旱作土壤的犁底层(亚表层)。青紫泥田改旱系列土壤剖面 25~47 cm 和 47~88 cm 土层,青粉泥田改旱系列土壤剖面 30~65 cm 和 65~85 cm 土层,小粉泥田改旱系列土壤剖面 22~67 cm 土层以及黄泥砂田改旱系列土壤剖面 28~60 cm 土层相当于水田土壤的水耕氧化还原层和旱作土壤的 Br 层,在文中统称为心土层(或淀积层)。腐心青紫泥田改旱系列土壤剖面 30~75 cm 土层,青紫泥田改旱系列土壤剖面 88~130 cm 土层,青粉泥田改旱系列土壤剖面 85~140 cm 土层,相当于水田和旱作土壤的潜育层或脱潜层。小粉泥田改旱系列土壤剖面 67~120 cm 和黄泥砂田改旱系列土壤剖面 60~120 cm 土层相当于水田和旱作土壤的母质层。

田间采集的分层土样分为两部分:一份带回实验室采用常规方法风干处理,分别过 2 mm、0.25 mm 和 0.15 mm 土筛,用于土壤理化指标测定;另一份置于塑料袋中,用冰块冷藏带回实验室,尽快提取亚铁(二价锰)及水溶态铁,同时用烘干法测定含水率,矫正分析结果。

二、研究方法

(1) 自然含水量采用烘干法。

(2) 土壤坚实度指数采用浙江农业大学土化系研制的坚实度计,坚实度用土壤耐压力表示,通过厂家提供的土壤坚实度换算表查表得到,单位为 $kg \cdot cm^{-3}$。

(3) 土壤容重测定:环刀法($100 \ cm^3$)。

(4) 颜色鉴定:芒塞尔土壤标准比色卡法(新版标准土色帖,日本)进行比色。

(5) 土壤 pH 值:电位法(土液比 1:2.5 水浸提)。

(6) 土壤颗粒组成:吸管法。

(7) 土壤有机质:重铬酸钾-硫酸外加热法。

(8) 土壤阳离子交换量:乙酸铵交换法。

(9) 黏土矿物组成:去除土壤中的有机质和游离铁后,用沉降-虹吸法提取小于 2 μm 的黏粒组分,用 $MgCl_2$ 和甘油饱和,制成定向片,用 X 射线衍射仪测定。

(10) 全量铁、锰:HF-$HClO_4$-HNO_3 消化,铁元素用邻菲罗啉比色法测定,锰元素用原子吸收光谱法测定。

(11) 游离态铁、锰:DCB(连二亚硫酸钠-柠檬酸钠-碳酸氢钠)法提取,提取液中的铁元素用邻菲罗啉比色法测定,锰元素用原子吸收光谱法测定。

(12) 无定形态铁、锰:草酸铵-草酸缓冲液(pH=3.2)提取,提取液中的铁元素用邻菲罗啉比色法测定,锰元素用原子吸收光谱法测定。

(13) 络合态铁、锰:焦磷酸钠溶液提取,提取液中的铁元素用邻菲罗啉比色法测定,锰元素用原子吸收光谱法测定。

(14) 亚铁和二价锰:$Al_2(SO_4)_3$ 溶液提取,提取液中的铁元素用邻菲罗啉比色法测定,锰元素用原子吸收光谱法测定。

(15) 水溶态铁、锰:去离子水(水土比 20∶1)提取,原子吸收光谱法测定。以上指标详细测定步骤参见文献(鲁如坤,2000;张甘霖和龚子同,2012)。

三、统计分析

采用 Microsoft Excel 2003 软件处理数据,采用 Origin 8.0 制图。

第二节 结果与分析

一、土壤水分条件和地下水位的变化

本研究中土壤剖面 QYP_1、TSP_1、TJP_1、JYP_1 和 $QTJP_1$ 长期种植水稻,大多数年份土温大于 5 ℃时至少有 3 个月被灌溉水饱和,并呈还原状态,这些土壤具有人为滞水水分状况。腐心青紫泥田、青紫泥田、青粉泥田、小粉泥田和黄泥砂田改旱作后,土壤人为滞水水分状况不再存在,水分状况由人为滞水水分状况向湿润水分状况或潮湿水分状况转变(详见文中第五章),表层(耕作层)和亚表层自然含水量明显降低,表下层自然含水量变化不明显。随着改旱年限的延长,地下水位逐渐下降(图 4.1),推测这与缺少地表水的补给有关。与其他改旱系列土壤相对比,青紫泥田改旱系列土壤地下水位下降最明显,推测这与潜育层及脱潜层所处深度及其微地形有关。

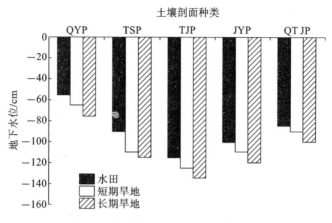

图4.1　水改旱系列土壤剖面地下水位

注:QYP、TSP、TJP、JYP和QTJP分别代表腐心青紫泥田、青紫泥田、青粉泥田、小粉泥田和黄泥砂田改旱系列土壤剖面。

二、土壤颜色的变化

腐心青紫泥田、青紫泥田、青粉泥田、小粉泥田和黄泥砂田改旱后,剖面土壤基质的色值基本保持不变或有轻微变化,表层和亚表层土壤明度和彩度增加;表下层土壤颜色变化不明显。5个水改旱系列土壤中,青粉泥田改旱系列表层土壤明度和彩度增加较明显,而腐心青紫泥田改旱系列表层土壤颜色变化最不明显。水田改旱作后,表层和亚表层土壤颜色变化主要与土壤有机质减少及氧化铁化学形态变化有关(鲁如坤,2000;章明奎和杨东伟,2013)。

三、土壤结构的变化

土壤结构是在矿物颗粒和有机物等土壤成分参与下,在干湿冻融交替等自然物理过程作用下形成不同尺度大小的多孔单元,具有多级层次性,是维持土壤功能的基础(彭新华等,2004)。腐心青紫泥田、青紫泥田、青粉泥田、小粉泥田和黄泥砂田改旱作后,土壤剖面结构体类型和大小发生变化。青紫泥田、青粉泥田、小粉泥田和黄泥砂田改旱作后,表层土壤的结构体由核状、团粒状和团块状结构向块状结构转化,而腐心青紫泥田改旱作后,由于在种植葡萄树过程中耕作特别频繁且添加大量有机物料(蓖麻饼等),改旱作后表层土壤呈碎块状和屑粒状结构。

腐心青紫泥田、青紫泥田、青粉泥田、小粉泥田和黄泥砂田改旱作后,心土层和底土层土壤结构体逐步由块状、棱块状和棱柱状向大块状、大棱块状和大棱柱状转化,即由直径不到 100 mm 或 100 mm 的结构体为主,转变为直径 150 mm 或更大的结构体为主。青紫泥田改旱后,剖面 TSP_3 由于受地下水及干湿交替的作用,土体中形成较大裂隙,在地下水的浸润下进一步形成垂直分布的片状结构(图 4.5 (i))。腐心青紫泥田和青紫泥田改旱系列剖面中潜育层的上部,由于受旱作后地下水位下降的影响,开始出现季节性脱潜,并逐步向脱潜层转化,因而水田改旱作后土壤剖面脱潜层厚度有增加的趋势,其所处深度有逐渐下移的趋势。

四、土壤坚实度的变化

土壤坚实度是指土壤对挤压力的反应,体现着土壤颗粒的黏结性,依赖于土壤质地与结构,与土壤墒情、干湿交替过程有着密切关系(王益等,2007)。腐心青紫泥田、青紫泥田、青粉泥田、小粉泥田和黄泥砂田改旱作后,土壤剖面各发生层坚实度整体上呈现增加的趋势,推测与土壤水分减少后,铁氧化物形态发生变化,促使氧化铁与其他矿物胶结有关。具体形成机理如下:水稻土的形成过程中,氧化铁在各土层的垂直迁移和水平移动,使其集中在某一土层或土体的某一部位,如结构体表面。水耕条件下,土壤亚铁及活性铁含量较高,较为充足的水分使得土壤之间黏结作用较弱。然而,改旱后,土粒之间因水分的减少而发生收缩,伴随着活性铁因脱水向晶质铁的转化,氧化铁可胶结其他矿物形成坚实的结构体(鲁如坤,2000),土体颗粒由于氧化铁的胶结而硬化。由于水稻土的氧化还原层是氧化铁的淀积层,在大多数剖面中具有氧化铁含量较高的特点,改旱后,该层土壤坚实度增加特别明显(章明奎和杨东伟,2013)。水田改旱作后,表层土壤坚实度增加还与改旱后翻耕减少有一定关系。

五、土壤容重和孔隙度的变化

一般而言,土壤容重小则土壤疏松,有利于拦渗蓄水,减少土壤养分的流失(孙永丽等,2006)。腐心青紫泥田、青紫泥田、青粉泥田、小粉泥田和黄泥砂田改旱作后,土壤表层和亚表层容重有增加的趋势,其中表层增加最明显(图 4.2);而表层和亚表层孔隙度有减小的趋势,这与改旱后土壤翻耕减少、土壤有机质含量降低以及进入土壤的植物根系等残体明显减少有关。由于水田改旱作后表层土壤容重增加的速率大于亚表层土壤容重增加的速率,使得改旱后表层土壤和亚表层土壤容重的差异性减少。水田改旱作后,各系列土壤剖面原淀积层和底土层

（相当于潜育层 G 或母质层 C)土壤容重和孔隙度变化都不明显。

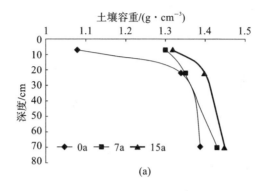

(a)

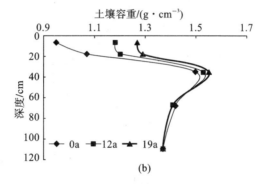

(b)

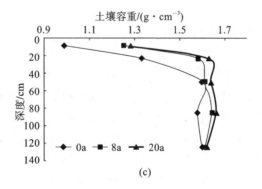

(c)

图 4.2　水改旱系列剖面土壤容重垂直分布

注：(a)、(b)、(c)、(d)和(e)分别为腐心青紫泥田、青紫泥田、青粉泥田、小粉泥田和黄泥砂田改旱系列剖面土壤容重垂直分布图。

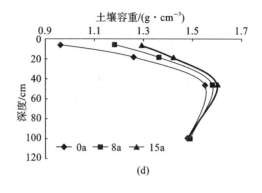

(d)

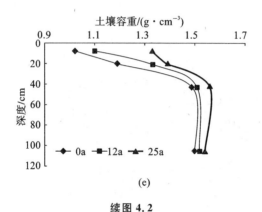

(e)

续图 4.2

六、土壤颗粒组成的变化

腐心青紫泥田、青紫泥田、青粉泥田、小粉泥田和黄泥砂田改旱作后,剖面各发生层土壤颗粒组成变化不大,黏粒含量在水改旱前后土壤剖面中的分布很相似(表 4.2),可知在研究范围内(水改旱 25 年内),土壤质地不会有明显变化。这主要是因为土壤颗粒组成主要取决于成土母质,利用方式的改变在短时间内对其影响不大。这 5 个水改旱系列土壤剖面上层和下层黏粒含量差异都比较明显,在土壤 30 cm 以下,具有明显的黏化层(黏化率在 1.2 以上),长期水耕作用促进了黏粒的淋淀作用,黏粒沿孔隙随水分下渗移至剖面中部,导致耕层黏粒减少,淀积层黏粒增加,同时水耕过程的耕层水串灌也会引起耕层黏粒的流失。

表 4.2　水改旱系列剖面土壤基本理化性质

剖面号	发生层深度/cm	pH 值	有机质/(g·kg^{-1})	阳离子交换量/(cmol·kg^{-1})	土壤颗粒组成(国际制,mg·kg^{-1})		
					黏粒(<0.002 mm)	粉粒(0.002~0.02 mm)	砂粒(0.02~2 mm)
QYP$_1$	0~14	6.36	37.47	22.90	315.23	462.17	222.60
	14~30	7.13	30.61	20.36	339.52	436.05	224.53
	30~75	7.74	26.80	18.97	386.73	405.47	207.80
QYP$_2$	0~14	6.08	29.06	18.89	317.08	452.57	230.35
	14~30	7.10	22.16	22.77	335.23	425.53	239.34
	30~75	7.59	24.55	20.52	375.26	393.29	231.45
QYP$_3$	0~14	5.67	24.68	18.10	315.86	459.04	225.10
	14~30	6.33	21.25	15.63	331.52	441.25	227.33
	30~75	7.50	23.31	22.89	379.62	426.22	194.16
TSP$_1$	0~12	5.57	47.17	21.40	293.67	317.25	389.08
	12~25	5.78	38.54	20.20	255.83	368.45	375.72
	25~47	7.37	11.94	16.94	270.08	337.45	392.47
	47~88	7.40	20.26	18.78	354.34	299.82	345.83
	88~130	6.05	4.01	15.93	314.71	250.91	434.38
TSP$_2$	0~12	5.09	31.59	18.70	308.19	335.84	355.97
	12~25	6.32	29.99	18.97	252.11	330.02	417.87
	25~47	7.50	6.33	14.19	269.74	311.36	418.90
	47~88	7.39	14.59	20.25	371.04	318.94	310.02
	88~130	6.30	3.96	15.11	300.80	286.72	412.48
TSP$_3$	0~12	4.55	27.32	19.09	309.64	345.51	352.80
	12~25	6.32	16.55	17.78	252.50	347.07	400.43
	25~47	7.34	6.16	15.94	266.41	285.10	448.49
	47~88	7.47	14.02	22.28	378.53	315.43	306.04
	88~130	6.11	3.97	18.00	317.08	284.87	398.06

续表

剖面号	发生层深度/cm	pH 值	有机质/(g·kg⁻¹)	阳离子交换量/(cmol·kg⁻¹)	土壤颗粒组成(国际制,mg·kg⁻¹)		
					黏粒(<0.002 mm)	粉粒(0.002~0.02 mm)	砂粒(0.02~2 mm)
TJP₁	0~17	5.82	40.23	11.06	228.04	426.05	345.91
	17~30	5.71	27.00	8.67	234.01	549.32	216.68
	30~65	6.71	7.95	10.35	297.33	514.54	188.14
	65~85	7.00	7.23	14.86	362.69	442.13	195.18
	85~140	6.97	7.88	17.54	348.84	430.77	220.39
TJP₂	0~17	5.63	30.63	10.78	227.23	436.75	336.02
	17~30	5.45	21.01	10.33	236.04	548.10	215.86
	30~65	6.66	7.93	10.10	287.72	530.78	181.50
	65~85	6.79	6.82	14.96	355.90	444.98	199.12
	85~140	6.76	7.23	16.43	344.40	453.30	202.30
TJP₃	0~17	5.12	23.30	10.14	230.20	425.64	344.16
	17~30	5.05	15.64	8.97	232.63	517.85	249.52
	30~65	5.85	7.70	11.15	290.43	516.97	192.60
	65~85	6.34	6.85	8.64	356.80	453.55	189.65
	85~140	6.88	7.24	10.38	335.76	433.30	230.94
JYP₁	0~12	6.51	37.07	16.27	213.50	408.37	378.13
	12~22	6.54	20.10	15.89	164.42	367.50	468.08
	22~67	7.97	9.93	14.50	261.08	442.13	296.80
	67~120	8.30	5.98	13.85	248.03	557.51	194.45
JYP₂	0~12	6.08	27.80	15.65	208.33	429.11	362.55
	12~22	6.42	16.63	14.33	164.80	364.74	470.46
	22~67	7.89	7.62	12.81	260.37	431.48	308.15
	67~120	8.26	4.72	12.01	241.63	531.25	227.11

续表

剖面号	发生层深度/cm	pH 值	有机质 /(g·kg^{-1})	阳离子交换量 /(cmol·kg^{-1})	土壤颗粒组成(国际制,mg·kg^{-1})		
					黏粒(<0.002 mm)	粉粒(0.002~0.02 mm)	砂粒(0.02~2 mm)
JYP$_3$	0~12	4.72	23.37	15.25	209.41	424.09	366.49
	12~22	5.75	14.22	13.17	160.93	375.29	463.78
	22~67	7.88	6.78	12.54	266.25	411.84	321.91
	67~120	8.20	4.41	12.24	238.79	536.33	224.88
QTJP$_1$	0~15	8.15	38.18	9.05	200.21	348.20	451.59
	15~28	8.19	36.56	8.93	187.79	359.88	452.33
	28~60	7.96	11.08	7.82	247.76	346.61	405.63
	60~120	7.68	11.11	10.26	262.28	341.13	396.59
QTJP$_2$	0~15	8.04	36.45	9.17	203.47	352.41	444.12
	15~28	8.18	28.71	8.44	194.60	342.27	463.13
	28~60	7.91	10.72	9.22	252.00	338.08	409.92
	60~120	7.55	9.83	14.07	262.00	351.10	386.90
QTJP$_3$	0~15	6.30	30.78	10.65	206.42	331.10	462.48
	15~28	6.84	25.87	7.79	198.35	360.80	440.85
	28~60	7.71	10.41	9.59	256.25	320.12	423.63
	60~120	7.22	9.14	13.71	251.69	350.40	397.91

七、土壤 pH 值的变化

水田改旱作后,腐心青紫泥田、青紫泥田、青粉泥田、小粉泥田和黄泥砂田改旱系列表层土壤 pH 值明显下降,主要原因如下:首先,水田改旱作后土壤中原有

的 NH_4^+-N、施用的氮肥以及有机态氮的矿化形成的 NH_4^+-N 在硝化细菌的作用下转化为 NO_2^--N 和 NO_3^--N,释放出大量的质子(H^+),使土壤酸化;其次,人为滞水水分状况消失后,土壤透气性改善,土壤中 Mn^{2+}、Fe^{2+} 等离子被氧化,释放出氢离子,使土壤变酸;再次,水田改旱作后,施用大量氯化钾、过磷酸钙等酸性肥料也会加速土壤的酸化。此外,水田改旱作后垂直淋洗增强也会对表层土壤 pH 值产生影响(章明奎等,2012)。

水田改旱作后,腐心青紫泥田、青粉泥田、小粉泥田和黄泥砂田改旱系列亚表层土壤(相当于水稻土和旱地土壤的犁底层)pH 值呈下降趋势,其变化原因与耕层土壤 pH 值变化因素相似。然而,水田改旱作后,青紫泥田改旱系列亚表层土壤 pH 值略微升高,这可能与该土壤类型特征有很大关系。青紫泥田耕层有机质含量较高,在淹水条件下耕层强还原态势的渗漏水对犁底层的酸碱性产生重要影响(龚子同,1999),使犁底层 pH 值降低,该过程与此类型水稻土剖面中铁渗淋亚层的形成机理相似;改旱后缺少上层强还原态势渗漏水的影响,旱作土壤亚表层比长期植稻土壤的犁底层的 pH 值略高。

改旱后,各系列土壤的淀积层、母质层和潜育层土壤受施肥、耕作及地表灌溉水影响较小,土壤 pH 值有轻微降低或无明显变化。

八、土壤有机质的变化

水田改旱作后,腐心青紫泥田、青紫泥田、青粉泥田、小粉泥田和黄泥砂田改旱系列土壤有机质含量随着旱作时间延长,整体呈现降低的趋势,并以表层和亚表层土壤有机质含量降低最为明显。从整体上看,无论土壤改旱与否,随着剖面深度的增加,土壤有机质含量逐渐降低。

剖面中各发生层有机质含量降低的主要原因如下:水田淹水条件下氧气减少,土壤中的好氧微生物活动基本停止,导致未分解的有机质慢慢积累,改旱后人为滞水水分状况消失,土壤处于好气状态,通气性增强,微生物对有机质的分解速度加快;同时,改旱后土壤更加充分地暴露在空气中,促进了有机质化学氧化;此外,改旱后植物根系、枝干等植物残体进入土壤的数量减少,使土壤有机质总量下降。水田改旱作后,表下层土壤有机质含量略微降低,主要与改旱后,随黏粒淋溶并淀积到上述发生层的有机质减少有关。

本研究根据土壤有机碳的剖面分布特征,采用公式 $C_0 = 0.58 \cdot H \cdot B \cdot C$,分层计算水田改旱作前后 1 m 土体内土壤有机碳的含量,以及改旱作过程中土壤有机碳的损失量。其中 0.58 为土壤有机碳与土壤有机质的转换系数,C_0 为土壤有机碳密度($kg \cdot m^{-2}$),H 为土层厚度(m),B 为土壤容重($kg \cdot cm^{-3}$),C 为有机质含量($kg \cdot kg^{-1}$),然后将计算出的各土层有机碳相加,就是土壤剖面中有机碳总量(单正军等,1996;中国科学院南京土壤研究所土壤分类课题组,2001)。结果表明,腐心青紫泥田、青紫泥田、青粉泥田和小粉泥田改旱系列,水田土壤 1 m 深度土体内有机碳含量分别为 222.17 $t \cdot hm^{-2}$、158.75 $t \cdot hm^{-2}$、120.46 $t \cdot hm^{-2}$ 和 96.57 $t \cdot hm^{-2}$,短期旱地 1 m 深度土体内有机碳含量分别为 200.97 $t \cdot hm^{-2}$、118.75 $t \cdot hm^{-2}$、111.80 $t \cdot hm^{-2}$ 和 80.83 $t \cdot hm^{-2}$,长期旱地 1 m 深度土体内有机碳含量分别为 191.29 $t \cdot hm^{-2}$、103.32 $t \cdot hm^{-2}$、97.66 $t \cdot hm^{-2}$ 和 73.5 $t \cdot hm^{-2}$。短期旱地有机碳年损失率分别为 3.03 $t \cdot hm^{-2} \cdot a^{-1}$、3.33 $t \cdot hm^{-2} \cdot a^{-1}$、1.08 $t \cdot hm^{-2} \cdot a^{-1}$ 和 1.97 $t \cdot hm^{-2} \cdot a^{-1}$,长期旱地有机碳年损失率分别为 2.06 $t \cdot hm^{-2} \cdot a^{-1}$、2.92 $t \cdot hm^{-2} \cdot a^{-1}$、1.14 $t \cdot hm^{-2} \cdot a^{-1}$ 和 1.54 $t \cdot hm^{-2} \cdot a^{-1}$。上述研究结果与水田改玉米地后表层土壤(0~15 cm)有机碳损失率(1.9 $t \cdot hm^{-2} \cdot a^{-1}$)的结论基本一致(李志鹏等,2007)。

　　研究表明腐心青紫泥田、青紫泥田和小粉泥田改旱系列,旱作前期土壤有机碳损失率高于旱作后期,这主要与改旱后人为滞水水分状况消失、土壤田间水分含量在旱作前期较后期下降更加明显等因素有关。由于腐心青紫泥田改旱系列土壤有机碳含量的绝对值较大,青粉泥田系列地下水位相对较低,改旱后腐心青紫泥田和青粉泥田土壤有机碳的年损失率相对较高。研究表明,水改旱土壤有机碳损失量与地下水位下降深度呈极显著正相关($p<0.01$),相关性系数为 $r=0.82^{**}$($n=9$)。

九、土壤阳离子交换量的变化

　　土壤阳离子交换量(Cation Exchange Capacity,CEC)是土壤所能吸附和交换的阳离子容量,也即土壤胶体表面的净负电荷总量。影响阳离子交换量的因素主要有黏土矿物类型、土壤质地及有机质含量等。腐心青紫泥田、青紫泥田、青粉泥田、小粉泥田和黄泥砂田改旱后,受耕层土壤有机质含量降低等因素的影响,耕层土壤阳离子交换量呈现轻微降低趋势,其他发生层土壤阳离子交换量变化不明显。

十、土壤黏土矿物组成的变化

黏土矿物组成可以反映土壤的成土作用过程和土壤发生机制。研究中选取受人为干扰相对较小的亚表层土壤,即腐心青紫泥田改旱系列土壤 14～30 cm 土层、青紫泥田改旱系列土壤 12～25 cm 土层、青粉泥田改旱系列土壤 17～30 cm 土层、小粉泥田改旱系列土壤 12～22 cm 土层和黄泥砂田改旱系列土壤 15～28 cm 土层,通过 X 射线衍射(X-Ray Diffraction,XRD)技术对水改旱系列亚表层土壤黏土矿物类型进行半定量鉴定,衍射图谱见图 4.3。在镁-甘油饱和定向片衍射图谱中,设这几种矿物含量百分比之和为 100%,将样品中各种特征衍射峰的积分面积乘以比例系数,分别求出各自的相对含量(表 4.3)。结果表明,5 个水改旱系列中水田及改旱作土壤亚表层黏土矿物以高岭石和伊利石为主,其次为石英、绿泥石和蒙脱石。由于水田改旱作后自然含水量下降等因素的影响,各系列亚表层土壤中绿泥石含量有轻微降低趋势,其他土壤黏土矿物类型及相对含量变化整体变化均不明显。

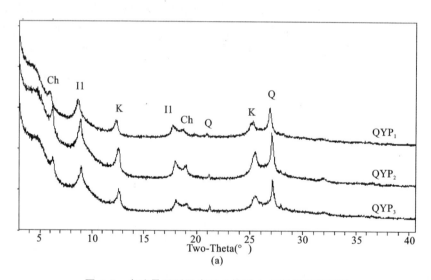

图 4.3 水改旱系列亚表层土壤黏土 X 射线衍射图谱

注:(a)、(b)、(c)、(d)和(e)分别代表腐心青紫泥田、青紫泥田、青粉泥田、小粉泥田和黄泥砂田改旱系列剖面;Q 表示石英;K 表示高岭石;Ch 表示绿泥石;Il 表示伊利石;Sm 表示蒙脱石。

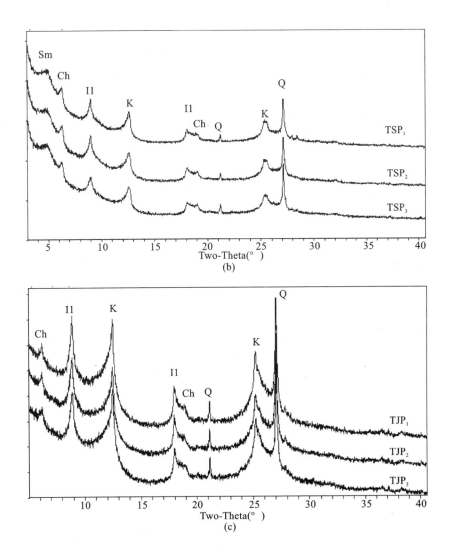

续图 4.3

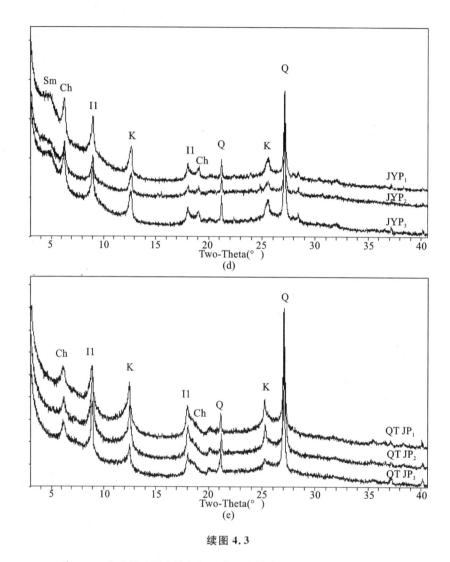

续图 4.3

表 4.3　水改旱系列土壤剖面亚表层土壤主要黏土矿物的约略含量

土 壤 剖 面	石英/(%)	高岭石/(%)	绿泥石/(%)	伊利石/(%)	蒙脱石/(%)
QYP₁	20.73	34.69	5.42	39.16	—
QYP₂	21.89	31.80	5.30	41.01	—
QYP₃	25.11	30.16	3.41	41.32	
TSP₁	17.72	34.56	4.53	24.46	18.73

续表

土 壤 剖 面	石英/(%)	高岭石/(%)	绿泥石/(%)	伊利石/(%)	蒙脱石/(%)
TSP$_2$	17.04	31.86	4.29	28.41	18.40
TSP$_3$	19.71	37.76	2.43	21.72	18.38
TJP$_1$	15.95	43.88	13.09	27.08	—
TJP$_2$	17.60	44.69	13.07	24.64	—
TJP$_3$	18.55	41.40	11.30	28.75	—
JYP$_1$	31.00	20.14	14.11	23.60	11.15
JYP$_2$	29.87	24.76	10.51	25.02	9.84
JYP$_3$	33.81	25.47	9.87	21.80	9.05
QTJP$_1$	25.02	26.44	21.37	27.17	—
QTJP$_2$	27.53	27.33	10.58	34.58	—
QTJP$_3$	33.18	20.16	18.84	27.82	—

注:QYP、TSP、TJP、JYP、QTJP 分别表示腐心青紫泥田、青紫泥田、青粉泥田、小粉泥田和黄泥砂田改旱系列土壤剖面;—表示"无"。

十一、土壤剖面铁锰相关形态特征的变化

1. 铁锰斑纹

铁锰斑纹是土壤氧化还原交替作用的产物,一般土壤氧化还原频率越高其数量越多。在种植水稻条件下,由于季节性的灌溉与排水,在土壤结构面上形成不同数量和大小的铁锰斑纹。土壤剖面中以氧化铁斑纹为主,氧化锰斑纹一般见于水耕氧化还原层及旱作后相应土层中。如表 4.4 至表 4.8 所示,不同类型土壤剖面中氧化铁、氧化锰的新生体数量和分布存在较大差异。不同类型水稻土相比,青紫泥田和青粉泥田水稻土中水耕表层氧化铁斑纹较多,占结构面的 30% 左右;青粉泥田改旱后土壤剖面 TJP$_3$(30~70 cm 土层)铁锰斑纹含量最高,达到结构面的 40% 左右。由表 4.4 至表 4.8、图 4.4 至图 4.7 可知,随着改旱年限的延长,表层和亚表层锈色斑纹逐渐失去鲜亮的色泽,逐步淡化、模糊;数量逐渐减少、破碎,

显得间断、不连续,最后与整个土体混合,逐渐变得不明显。如表 4.5 至表 4.8、图 4.5 至图 4.7 所示,青紫泥田、青粉泥田、小粉泥田和黄泥砂田改旱系列土壤旱作 15 年以后表层已见不到锈纹锈斑,亚表层可见少量铁锈斑纹,数量约占土体的 5%,亚表层可见少量的锈色根孔,其连续性也遭到破坏。由于腐心青紫泥田地下水位较高,改旱 15 年后,表层仍然有少量铁锈斑纹存在。总体而言,改旱后在整个土壤剖面的表层土壤中铁锈斑纹等新生体减少最明显,这主要与其受人为扰动较大且逐渐缺失铁锈斑纹等新生体形成环境有关。

在青粉泥田改旱系列土壤剖面中,由于其独特的氧化还原条件,水耕氧化还原层可以受到地表水和地下水的双重影响,水田改旱作后,淀积层土壤中铁锰斑纹数量增加。除青粉泥田改旱系列土壤外,其他系列表下层土壤中铁锰斑纹变化不明显,推测是地表水、地下水及人为扰动对该层影响较小,且原先形成的氧化铁斑纹和氧化锰黑斑相对稳定有关。腐心青紫泥田和青紫泥田改旱后,潜育层中土壤氧化铁斑纹数量略有增加,这主要与改旱后地下水位下降、潜育层上部分逐渐出现季节性脱潜、强还原性条件改善、亚铁在该层氧化淀积有关。如图 4.5(i)所示,青紫泥田改旱作后,发生层 47~88 cm 深处干湿交替明显,在干季土体由于土粒之间土壤水分的减少而收缩,以及氧化物的胶结、硬化,形成垂直分布的片状结构,片状结构体之间有 1~3 mm 宽度不等的垂直分布的裂隙;在湿润季节,地下水可以沿着裂隙"泵升"到该层,目前尚可观察到该层部分片状分布的土壤被泵升到该层的地下水浸润的痕迹。图 4.5(j)显示,青紫泥田改旱后土壤潜育层上部(88~98 cm)基质呈蓝灰色,由此可推断出在地下水位下降以前,该亚层曾是被地下水长期浸泡的潜育层;水田改旱作后,地下水位下降,该过渡亚层出现季节性脱潜,从水流痕迹和大量垂直分布的锈色孔隙可知,曾有地下水通过这些孔隙"泵升"到该层及其以上土层,并有大量低价态铁、锰在该层孔隙壁周围氧化淀积。

2. 鳝血斑

鳝血斑是水稻土由淹水向排水变化的过程中亚铁被氧化淀积形成于水耕表层孔隙或土块裂面的棕红色的氧化铁有机物络合物(胶膜),是水稻土熟化的标志(龚子同,1999)。出现鳝血斑的水稻土,水气状况一般比较协调,耕层结构较好,养分含量较高,具有爽水特征(龚子同,1999)。本研究中,不同类型的水稻土,只有青紫泥田(TSP_1)和青粉泥田(TJP_1)的水耕表层中存在鳝血斑(图 4.5 和图 4.6)。水改旱以后,由于土壤表层水分含量减少,以及反复的耕作,这些水耕条件下形成的鳝血斑逐渐减少,最后消失(表 4.4 和表 4.5)。

3. 铁锈根孔

由于水稻根系可以制造氧气,因此在淹水条件下水稻根系表面常常可形成氧化铁胶膜,当根系死亡后可残留铁锈根孔。通过田间观察和照片分析表明(表 4.4 至表 4.8、图 4.4 至图 4.7),水稻土剖面中有较多的垂直分布的铁锈根孔,由于水稻根系主要集中在耕层,因而铁锈根孔一般也集中分布在耕层,犁底层和母质层的上部也有分布,并随着深度的增加而减少。铁锈根孔位于结构体的表面及内部,并具有明显的连续性。水田改旱作后,由于土体变干,土粒收缩过程中产生一些裂隙,根孔的连续性遭到破坏,尤其是亚表层(相当于水稻土的犁底层)变化最明显。同时,水田改旱作后,根孔数量明显减少,表层和亚表层根孔状锈纹平均密度由 130～150 条·dm^{-2}和 70～80 条·dm^{-2}分别减少到 45～60 条·dm^{-2}和 20～35 条·dm^{-2}。另外,水田改旱作后,5 个水改旱系列土壤剖面表层和亚表层中粗根和中根数量略微增加,细根数量明显减少,土壤中植物茎叶、根系等残体总量明显减少,这也是改旱后表层土壤有机质含量降低的重要原因。

4. 铁锰结核

腐心青紫泥田、青紫泥田、青粉泥田、小粉泥田和黄泥砂田改旱系列土壤剖面中,青粉泥田改旱系列土壤剖面中铁锰结核数量整体较多,推测这与该类型水稻土受到地表水和地下水的双重影响、氧化还原作用比较强烈有关。青粉泥田改旱作以后,剖面中铁锰结核数量增多,体积增大,硬度增强,特别是 30～65 cm 深度(相当于水耕氧化还原层和旱作土壤的 B 层位置)的铁锰结核变化最明显。

取青粉泥田改旱系列淀积层(30～65 cm)土壤,沿着自然裂隙掰开,风干。称取相当于烘干土 1 kg 的风干土,在水中湿筛 8 h,之后烘干、称重,表明水耕氧化还原层及对应的改旱作后的 B 层中的不同粒径的铁锰结核都随着旱作年限的延长而明显增加。直径＞5 mm 铁锰结核只存在于旱作 20 年的土壤剖面中,含量为 9.96 g·kg^{-1}。在水稻土、旱作 8 年和旱作 20 年的土壤中,直径 2～5 mm 的铁锰结核含量从 1.70 g·kg^{-1},分别增加到 2.01 g·kg^{-1}和 43.91 g·kg^{-1};直径 1～2 mm 的铁锰结核含量从 5.94 g·kg^{-1},分别增加到 6.69 g·kg^{-1}和 28.44 g·kg^{-1};直径 0.5～1 mm 的铁锰结核含量从 28.50 g·kg^{-1},分别增加到 31.80 g·kg^{-1}和 53.39 g·kg^{-1};而直径 0.25～0.5 mm 的铁锰结核含量从 55.59 g·kg^{-1},分别增加到 72.24 g·kg^{-1}和 66.21 g·kg^{-1}。研究发现,水田改旱作后,青粉泥田改旱系列剖面中的铁锰结核整体呈现出由无到有、由小到大的变化趋势。旱作 20 年土壤剖面 B 层直径 0.25～0.5 mm 的铁锰结核少于旱作 8 年的土壤剖面中该粒径的结核,推测是水改旱过程中,铁锰结核由于离子态铁锰的吸附沉淀,体积逐渐增大,并消耗大量离子态铁锰;且由于铁锰老化使得土壤离子态铁锰含量降低,从而不利于小粒径的铁锰结核形成。

(a)　　　　　　　　　　　　　　(b)

(c)

图 4.4　腐心青紫泥田改旱系列土壤剖面形态特征对比

注:腐心青紫泥田改旱系列水田、旱作 7 年、旱作 13 年土壤表层(图 4.4(a))、亚表层(图 4.4(b))和潜育层(图 4.4(c))斑纹及色彩对比照。为避免光线等原因的误差,将每个系列水田、短期旱地和长期旱地土壤的同一(或对应)发生层放在一起拍照,同一图片中自左向右三个土样,分别代表水田、短期旱地和长期旱地土壤的相同(或对应)发生层。下同。

扫码看彩图

(a)　　　　　　　　　(b)

(c)　　　　　　　　　(d)

(e)　　　　　　　　　(f)

图 4.5　青紫泥田改旱系列土壤剖面形态特征对比

注：青紫泥田改旱系列水田、旱作 12 年、旱作 19 年表层（图 4.5(a)）、亚表层（图 4.5(b)）、淀积层上部（图 4.5(c)）、淀积层下部（图 4.5(d)）和潜育层（图 4.5(e)）斑纹及色彩对照；水田犁底层鳝血斑（图 4.5(f)）；水田犁底层鳝血斑显微镜照（图 4.5(g)）；水田犁底层锈根孔显微镜照（图 4.5(h)）；旱作 19 年土壤剖面第四层的片状结构（图 4.5(i)）；旱作 19 年土壤剖面潜育层上部氧化铁淀积形成的孔隙壁（图 4.5(j)）。

续图 4.5

扫码看彩图

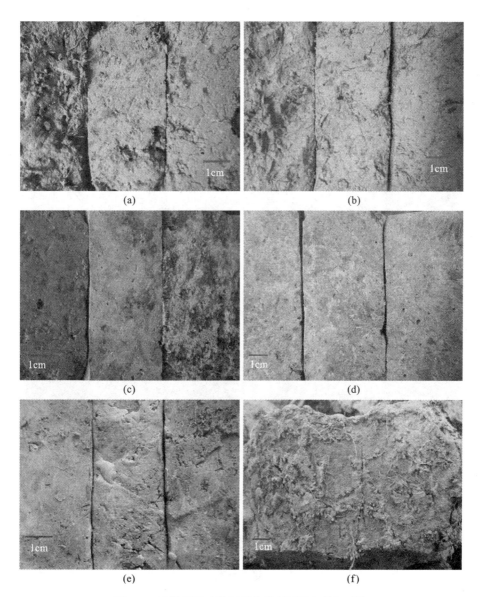

图 4.6　青粉泥田改旱系列土壤剖面形态特征对比

注:青粉泥田改旱系列水田、旱作 8 年、旱作 20 年表层(图 4.6(a))、亚表层(图 4.6(b))、淀积层上部(图 4.6(c))、淀积层下部(图 4.6(d))和脱潜层(图 4.6(e))斑纹及色彩对比照;青粉泥田犁底层鳝血斑(图 4.6(f));青粉泥田和旱作 20 年土壤剖面 30～65 cm 深度根孔及色彩对比照(图 4.6(g));青粉泥田(图 4.6(h))、旱作 8 年(图 4.6(i))和旱作 20 年(图 4.6(j))30～65 cm 土层铁锰斑纹及结核形态对比。

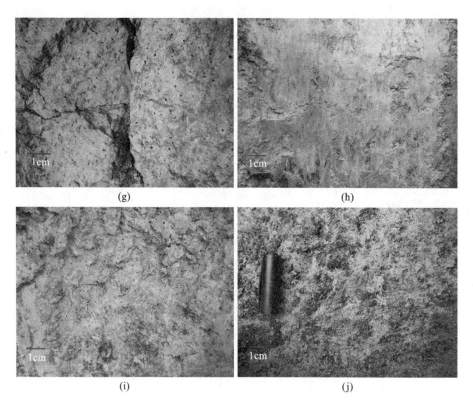

续图 4.6

扫码看彩图

图 4.7　小粉泥田改旱系列土壤剖面形态特征对比

注：小粉泥田改旱系列水田、旱作 8 年、旱作 15 年表层（图 4.7(a)）、亚表层（图 4.7(b)）、淀积层（图 4.7(c)）和母质层（图 4.7(d)）斑纹及色彩对比照。（图 4.7(d)）中块状突起为旱作 15 年土壤母质层中的铁锰结核。

扫码看彩图

表 4.4 腐心青紫泥改旱系列剖面土壤形态特征

剖面号	发生层深度/cm	土壤结构(直径)	土壤颜色(润)	孔隙度/(%)	坚实度/(kg·cm⁻³)	新生体 类型	新生体 占结构体表面数量/(%)	新生体 大小/mm	根孔 丰度/(条·dm⁻²)	根孔 粗细/mm	自然含水量/(%)
QYP₁	0~14	团块状(10~25 mm 为主)块状	棕黑色(2.5Y3/2)	59.25	0.50	铁锈斑纹	20	2~5	130	0.5~2	47.1
	14~30	(30~50 mm 为主)上部楼块状	黄灰色(2.5Y4/1)	49.43	2.65	铁锈斑纹	25	2~5	70	0.5~1.5	37.0
	30~75	(30~70 mm 为主)下部软糊无结构	灰色(5Y4/1)	47.55	2.27	铁锈斑纹	2	1~4	0	—	38.6
QYP₂	0~14	碎块状(5~35 mm 为主)	暗灰黄色(2.5Y4/2)	50.94	1.44	铁锈斑纹	5	1~2	50	2~5	33.5
	14~30	团块状(20~50 mm 为主)	黄灰色(2.5Y5/1)	49.06	3.11	铁锈斑纹	25	1~3	25	1~4	31.8
	30~75	楼块状(>40 mm 为主)	灰色(5Y4/1)	46.04	2.52	铁锰斑纹	5	1~5	10	1~3	31.4
QYP₃	0~14	碎块状(5~25 mm 为主)	暗灰黄色(2.5Y4/2)	50.19	1.95	铁锈斑纹	2	1~2	60	2~6	32.3
	14~30	团块状(10~50 mm 为主)	橄榄棕色(2.5Y4/3)	47.17	4.31	铁锈斑纹	25	1~2	35	1~5	34.4
	30~75	大楼块状(>50 mm 为主)	灰色(5Y4/1)	45.28	2.65	铁锰斑纹	10	1~5	15	1~4	35.2

注：—表示"无"，下同。

表 4.5　青紫泥田改旱系列剖面土壤形态特征

剖面号	发生层深度 /cm	土壤结构（直径）	土壤颜色（润）	孔隙度 /(%)	坚实度 /(kg·cm⁻³)	新生体类型	占结构体表面数量 /(%)	大小 /mm	丰度 /(条·dm⁻²)	粗细 /mm	自然含水量 /(%)
TSP₁	0~12	团块状（5~30 mm 为主）	棕黑色(2.5Y3/1)；暗赤褐色(2.5YR3/3,锈斑)	64.03	0.38	铁锈斑纹	30	2~5	150	0.5~2	59.20
	12~22	块状（20~50 mm 为主）	橄榄黑色(5Y3/1)	59.62	1.86	铁锈斑纹 / 鳝血斑	25 / 20	2~5 / 10~50	80	0.5~2	56.89
	22~47	棱块状（50~100 mm 为主）	灰色(7.5Y4/1)	43.25	2.8	铁锈斑纹 / 铁锰斑纹	12 / 25	1~4 / 2~5	0	—	29.78
	47~88	棱块状（40~100 mm 为主）	黑色(2.5GY2/1)；赤褐色(5YR4/3,铁锰聚集体)	46.29	1.37	炉渣状铁锰聚集体	12	1~2	0	—	31.36
	88~130	软平无结构	灰色(N5/0)	48.14	1.07	铁锈斑纹	0	—	0	—	32.24

续表

剖面号	发生层深度/cm	土壤结构（直径）	土壤颜色（润）	孔隙度/(%)	坚实度/(kg·cm⁻³)	新生体 类型	新生体 占结构体表面数量/(%)	新生体 大小/mm	根孔 丰度/(条·dm⁻²)	根孔 粗细/mm	自然含水量/(%)
	0~12	块状（15~40 mm 为主）	暗灰黄色（2.5Y4/2）	55.29	2.06	铁锈斑纹	5	1~2	50	1~10	38.87
	12~22	大块状（>40 mm 为主）	灰色（5Y4/1）	54.71	2.8	铁锈斑纹	15	1~3	30	3~10	43.91
	22~47	大棱块状（60~130 mm 为主）	灰色（7.5Y4/1）	42.19	4.58	铁锈斑纹	10	1~5	10	3~6	25.13
TSP_2	47~88	大棱块状（50~120 mm 为主）	黑色（2.5GY2/1）；赤褐色（5YR4/4，铁锰聚集体）	46.88	3.29	铁锰斑纹	30	2~5	0	—	28.65
						炉渣状铁锰聚集体	15	1~2			
	88~130	上部15 cm 块状（30~60 mm）下部软平无结构	灰色 N5/0	48.16	1.24	锈色气孔（潜育层上部）	10	2~10	0	—	32.20
						铁锈斑纹	0	—			

续表

剖面号	发生层深度/cm	土壤结构（直径）	土壤颜色（润）	孔隙度/(%)	坚实度/(kg·cm⁻³)	新生体 类型	新生体 占结构体表面数量/(%)	新生体 大小/mm	根孔 丰度/(条·dm⁻²)	根孔 粗细/mm	自然含水量/(%)
TSP₃	0~12	块状（30~60 mm 为主）	暗灰黄色（2.5Y4/2）	52.25	2.96	铁锈斑纹	0	—	55	2~10	34.78
	12~22	大块状（>50 mm 为主）	暗灰黄色（2.5Y4/2）	51.49	3.29	铁锈斑纹	5	1~2	35	3~12	35.47
	22~47	大棱块状（80~150 mm 为主）	灰色（7.5Y4/1）	41.34	6.08	铁锈斑纹	10	1~5	15	3~8	25.91
	47~88	大棱块状和片状（70~140 mm 为主）	黑色（2.5GY2/1；赤褐色（5YR4/4，铁锰聚集体）	46.84	3.65	铁锰斑纹 炉渣状铁锰聚集体	30 15	2~5 1~2	0	—	32.77
	88~130	上部15 cm 块状（40~80 mm）下部软平无结构	灰色（N5/0）	48.38	1.37	锈色气孔（潜育层上部） 铁锈斑纹	15 0	2~20 —	0	—	32.04

表 4.6 青粉泥田改旱系列剖面土壤形态特征

剖面号	发生层深度/cm	土壤结构(直径)	土壤颜色(润)	孔隙度/(%)	坚实度/(kg·cm⁻³)	新生体 类型	新生体 占结构体表面数量/(%)	新生体 大小/mm	根孔 丰度/(条·dm⁻²)	根孔 粗细/mm	自然含水量/(%)
TJP₁	0~17	团块状(10~30 mm为主)	黄灰色(2.5Y4/1)	62.64	0.42	铁锈斑纹 / 鳝血斑	30 / 20	2~5 / 5~100	150	0.5~2	46.57
	17~30	块状(30~60 mm为主)	暗灰黄色(2.5Y4/2)	42.26	8.78	铁锈斑纹	28	2~5	80	0.5~1.5	29.92
	30~65	棱块状(50~110 mm为主)	暗灰黄色(2.5Y5/2)	39.62	7.2	铁锰斑纹	15	1~4	30	1~4	25.80
	65~85	棱块状(40~100 mm为主)	黄棕色(2.5Y5/3)	40.38	7.2	铁锰斑纹及结核	5	1~5	0	—	29.76
	85~140	块状(30~50 mm为主)	黄灰色(2.5Y6/1)	39.62	1.24	铁锈斑纹	4	1~4	0	—	32.07
TJP₂	0~17	块状(15~50 mm为主)	暗灰黄色(2.5Y5/2)	52.83	3.11	铁锈斑纹	5	1~3	40	4~8	28.48
	17~30	大块状(>50 mm为主)	暗灰黄色(2.5Y5/2)	40.38	9.40	铁锈斑纹	8	1~4	30	3~8	29.25
	30~65	大棱块状(70~130 mm为主)	黄灰色(2.5Y6/1)	39.25	16.12	铁锰斑纹	20	1~5	40	1~4	27.86
	65~85	大棱块状(60~120 mm为主)	黄棕色(2.5Y5/3)	38.11	13.04	铁锰斑纹及结核	7	2~5	5	1~3	28.67
	85~140	大块状(>50 mm为主)	黄灰色(2.5Y6/1)	39.25	1.37	铁锈斑纹	5	2~4	0	—	29.19

续表

| 剖面号 | 发生层深度/cm | 土壤结构(直径) | 土壤颜色(润) | 孔隙度/(%) | 坚实度/(kg·cm⁻³) | 新生体 | | | 根孔 | | 自然含水量/(%) |
						类型	占结构体表面数量/(%)	大小/mm	丰度/(条·dm⁻²)	粗细/mm	
TJP₃	0~17	块状(20~50 mm 为主)	黄棕色(2.5Y5/3)	51.70	3.65	铁锈斑纹	0	—	45	2~10	26.90
	17~30	大块状(>60 mm 为主)	浊黄色(2.5Y6/3)	38.49	10.65	铁锈斑纹	5	1~2	35	3~12	28.36
	30~65	大棱块状(80~140 mm 为主)	灰黄色(2.5Y6/2)	38.11	20.14	铁锰斑纹	40	3~8	60	1~4	21.32
	65~85	大棱块状(70~130 mm 为主)	黄棕色(2.5Y5/3)	37.36	16.12	铁锰斑纹及结核	6	2~5	10	1~3	28.67
	85~140	大块状(>60 mm 为主)	黄灰色(2.5Y6/1)	38.87	1.44	铁锈斑纹	5	1~4	0	—	29.19

表 4.7 小粉泥田改旱系列剖面土壤形态特征

| 剖面号 | 发生层深度/cm | 土壤结构(直径) | 土壤颜色(润) | 孔隙度/(%) | 坚实度/(kg·cm⁻³) | 新生体 | | | 铁锈根孔 | | 自然含水量/(%) |
						类型	占结构体表面数量/(%)	大小/mm	丰度/(条·dm⁻²)	粗细/mm	
JYP₁	0~12	团块状(10~30 mm 为主)	棕黑色(2.5Y3/1)	63.77	0.58	锈纹	25	2~5	110	0.5~2	54.40
	12~25	块状(20~50 mm 为主)	棕黑色(2.5Y3/2)	52.45	2.65	铁锈斑纹	15	1~5	60	0.5~1.5	27.23
	25~67	块状和核块状(40~100 mm 为主)	黄灰(2.5Y4/1)	41.51	2.27	铁锰斑纹	15	1~4	35	2~7	19.03
	67~120	棱块状(40~90 mm 为主)	灰色(5Y4/1)	44.15	4.31	铁锰斑纹	20	1~3	0	—	21.20

续表

剖面号	发生层深度/cm	土壤结构(直径)	土壤颜色(润)	孔隙度/(%)	坚实度/(kg·cm⁻³)	新生体			铁锈根孔		自然含水量/(%)
						类型	占结构体表面数量/(%)	大小/mm	丰度/(条·dm⁻²)	粗细/mm	
JYP₂	0~12	块状(15~45 mm 为主)	棕黑色(2.5Y3/2)	55.47	1.07	铁锈斑纹	5	1~2	40	2~10	26.43
	12~25	大块状(>50 mm 为主)	暗青棕色(2.5Y3/3)	48.68	2.88	铁锈斑纹	5	1~3	10	4~8	23.44
	25~67	大块状(70~140 mm 为主)	暗青棕色(2.5Y3/3)	40.38	3.11	铁锰斑纹	17	1~5	30	3~8	21.82
	67~120	大棱块状(60~120 mm 为主)	灰色(5Y4/1)	43.77	6.08	铁锰斑纹	22	2~5	0	—	20.53
JYP₃	0~12	块状(20~65 mm 为主)	暗灰黄色(2.5Y4/2)	51.32	1.44	铁锈斑纹	0	—	45	2~10	23.58
	12~25	大块状(>60 mm 为主)	暗灰黄色(2.5Y4/2)	46.42	3.11	铁锈斑纹	2	1~2	15	3~12	22.01
	25~67	大棱块状和大棱柱状(80~150 mm 为主)	暗青棕色(2.5Y3/3)	39.62	6.08	铁锰斑纹	17	1~5	35	3~8	19.09
						铁锰结核	1	2~8			
	67~120	大棱块状(70~140 mm 为主)	(灰色)5Y4/1	44.15	8.78	铁锰斑纹	22	1~3	0	—	23.58

表 4.8　黄泥砂田改旱系列剖面土壤形态特征

剖面号	发生层深度/cm	土壤结构（直径）	土壤颜色（润）	孔隙度/（%）	坚实度/（kg·cm⁻³）	新生体			根孔		自然含水量/（%）
						类型	占结构体表面数量/（%）	大小/mm	丰度/（条·dm⁻²）	粗细/mm	
QTJP₁	0~15	团块状（5~25 mm为主）	棕灰色(10YR4/1)	61.51	1.07	锈纹、锈根孔	20	2~5	130	0.5~2	59.01
	15~28	块状（20~60 mm为主）	灰黄棕色(10YR4/2)	55.09	2.65	铁锈斑纹	15	2~5	70	0.7~1.5	44.30
	28~60	棱块状和棱柱状（40~90 mm为主）	棕色(10YR4/6)	47.55	7.20	铁锈斑纹	15	1~5	10	1~4	32.87
	60~120	棱柱状（50~80 mm为主）	亮棕色(7.5YR5/8)	46.04	6.08	铁锰斑纹	20	1~5	0	—	28.75
QTJP₂	0~15	块状（10~50 mm为主）	暗棕色(10YR3/4)	58.49	1.67	铁锈斑纹	5	<2	50	2~10	29.35
	15~28	大块状（60~120 mm为主）	暗黄棕色(10YR4/3)	49.81	3.65	铁锈斑纹	10	1~4	20	4~8	30.70
	28~60	大棱块状和大棱柱状（50~110 mm为主）	棕色(10YR4/6)	43.02	10.65	铁锰斑纹	18	1~5	15	3~8	30.09
	60~120	大棱柱状（>60 mm为主）	亮棕色(7.5YR5/8)	42.64	8.78	铁锰斑纹	22	1~5	2	1~5	26.76

续表

| 剖面号 | 发生层深度/cm | 土壤结构（直径） | 土壤颜色（润） | 孔隙度/(%) | 坚实度/(kg·cm⁻³) | 新生体 | | | 根孔 | | 自然含水量/(%) |
						类型	占结构体表面数量/(%)	大小/mm	丰度/(条·dm⁻²)	粗细/mm	
QTJP₃	0~15	块状和核状（20~70 mm 为主）	暗黄棕色（10YR4/3）	49.81	2.27	铁锈斑纹	0	—	60	2~10	23.05
	15~28	大块状（>70 mm 为主）	棕色（10YR4/4）	47.55	4.31	铁锈斑纹	5	1~2	25	3~12	27.57
	28~60	大棱块状和大棱柱状（80~160 mm 为主）	棕色（10YR4/6）	39.25	13.04	铁锰斑纹	20	1~5	20	3~8	27.27
	60~120	大棱柱状（>80 mm 为主）	亮棕色（7.5YR5/8）	41.89	12.24	铁锰斑纹	25	2~5	5	2~6	27.03

十二、土壤铁氧化物组成的变化

土壤中氧化铁主要来源于成土过程中母质的风化,其氧化还原反应是土壤发生过程中,特别是水稻土形成过程中重要的化学反应,其迁移和转化在土壤剖面的发生和土壤特征层的形成中起着重要的作用(丁昌璞等,2011)。土壤中常见的铁氧化物主要有赤铁矿(α-Fe_2O_3)、磁赤铁矿(-Fe_2O_3)、针铁矿(α-FeOOH)、纤铁矿(γ-FeOOH)和水铁矿($Fe_5OH_8 \cdot 4H_2O$)(丁昌璞等,2011)。土壤中铁氧化物具有多种不同的形态,并可以相互转化,归纳起来可分为两个方向相反的过程,即老化和活化。

(1)氧化铁的老化,沿着"离子态—非晶质态—隐晶质态—晶质态"的方向转化。

(2)氧化铁的活化,沿着和(1)相反的方向转化。土壤中4种形态的氧化铁处于动态平衡之中(孙丽蓉,2007)。老化是指土壤溶液中的铁离子因水解而形成氢氧化物单体,接着经聚合和缩合而成为水合氧化铁,再进而形成晶态氧化铁。自聚合开始直至晶态氧化物形成的全部过程都称为老化。晶质氧化铁在有机质、水分、氧气和二氧化碳等的作用下,可以通过多种途径活化。土壤中氧化铁及其水合物的活化过程主要通过高价铁被还原成低价铁,以及高价铁和低价铁与有机质相结合形成络合物而实现的。

影响氧化铁转化的环境条件主要如下。

(1)温度。温度可以影响氧化铁脱水的速率和强度,从而影响氧化铁的转化方向和转化速率。

(2)水分条件。淹水可以使土壤氧化铁发生活化,晶质态氧化铁含量减少,活性氧化铁含量增加(苏玲等,2001)。

(3)pH值和Eh值。当土壤溶液氧化还原电位低于120 mV时,Fe(Ⅲ)容易被还原成为Fe(Ⅱ),这些还原态的铁可以通过"泵升作用"迁移到氧化层,重新氧化后可形成无定形水合氧化铁,增加氧化铁的活化度(Sah等,1989)。而土壤pH值可以影响铁的络合-离解、交换-吸附、沉淀-溶解等化学平衡(丁昌璞,2011)。

(4)有机质含量。有研究发现,有机质妨碍$Fe(OH)_3$的老化,其原因可能是活性铁氧化铁强烈吸附有机质而阻碍了氧化铁晶核的成长,抑制氧化铁结晶化,或者是铁与富里酸形成络合物,影响结晶速率和结晶产物的性质(孙丽蓉,2007)。此外,有机质还可以促进Fe(Ⅱ)的形成,有机质的分解产物可以作为电子受体,对铁氧化物进行还原,并提供配位体与Fe(Ⅱ)进行螯合和络合(丁昌璞等,2011)。

1. 全铁

由于供试土壤成土母质和成土过程的差异,青粉泥田改旱系列土壤剖面中全铁(Fe_t)含量整体较高,而其他系列土壤剖面中全铁含量差异不明显。水田改旱作后,5个水改旱系列土壤剖面中全铁含量变化不明显,这表明在研究的时间尺度范围内(水改旱25年内),不会引起土壤全铁含量的明显变化。土地利用方式的改变,对土壤中铁氧化物的影响,主要体现在影响其形态的转化上,而对其总量的影响不明显。

2. 游离铁

游离氧化铁(Fe_d)是原生铝硅酸盐矿物晶格被破坏后释放出的氧化铁及其水合物的通称,游离氧化铁与全铁的比值称为铁的游离度,游离度是成土过程评估的重要标志,常作为风化度的指标之一(熊毅,1983)。游离氧化铁是土壤中可变正电荷和负电荷的主要载体,其对某些重金属离子和某些多价的含氧酸根有专性吸附,制约着它们在土壤中的活性。此外,游离氧化铁还是土壤重要的矿质胶结物质,对土壤结构的形成起桥接或联结的作用,也是决定土壤颜色的一个重要因素(鲁如坤,2000)。

水田改旱作后,腐心青紫泥田、青紫泥田、青粉泥田、小粉泥田和黄泥砂田改旱系列土壤剖面中游离氧化铁含量和铁游离度整体上有轻微增加趋势或变化不明显,这与Takahashi等(1999)关于水田改旱作后土壤游离铁的变化规律基本一致。腐心青紫泥田、青紫泥田、青粉泥田和小粉泥田改旱系列剖面表层和亚表层土壤游离氧化铁有轻微增加趋势,推测原因主要有以下几方面。

第一,许多研究表明,水稻土淹水后铁锰在剖面中容易发生淋溶迁移(龚子同,1999;丁昌璞等,2011);水田改旱作后,人为滞水水分状况消失,铁锰在剖面中还原淋溶、氧化淀积作用明显减弱,甚至消失。

第二,由于季节性干湿交替或强降雨导致大量铁锰随排水流失,而进入周边旱地土壤,使水稻土表层和亚表层土壤铁、锰含量减少,周边旱地铁、锰含量相对增加;本研究中青紫泥田水稻土表面积水中铁离子浓度达到$1.1\ mg \cdot L^{-1}$。

第三,水田改旱作后,表层和亚表层土壤有机质含量明显降低,这对旱地上述发生层土壤游离铁含量的相对增加有轻微的影响。

3. 活性铁

活性铁(Fe_o)是一种不发生X射线衍射、比表面积较大、活性较高的水合氧化铁,它包括与有机质结合的络合态铁,对土壤中阴阳离子的吸附以及稳定土壤结构具有十分重要的作用(鲁如坤,2000)。活性铁极不稳定,在水和温度的影响下极易发生迁移转化。活性铁与游离铁的比值称为活化度,活性铁氧化铁在一定程度上与矿物类型和晶质好坏有关,也能反映土壤氧化铁的表面积情况(孙丽蓉和曲东,2007)。Kumar等(1981)报道,淹水使土壤活性氧化铁的含量显著增加;然而,土壤落干又使活性氧化铁转化为结晶态氧化铁,两者可相互转化。

如图 4.8 所示,水田改旱作后,腐心青紫泥田、青紫泥田、青粉泥田、小粉泥田和黄泥砂田改旱系列土壤剖面表层和亚表层土壤中活性铁含量明显降低,这与Takahashi 等(1999)关于水田改旱作后土壤活性铁的变化规律一致。原因主要有两方面:一方面,人为滞水水分状况消失后,土壤水分含量显著降低,大量活性铁逐渐老化转化为晶质铁;另一方面,水田改旱作后,表层和亚表层土壤有机质含量降低(表 4.2),对氧化铁结晶化抑制作用减弱。

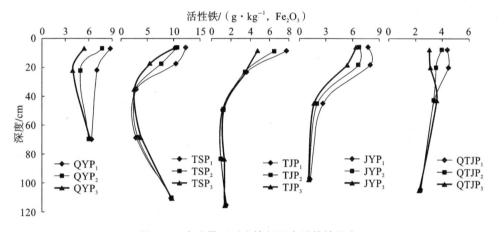

图 4.8　水改旱系列土壤剖面中活性铁分布

改旱后,腐心青紫泥田、青紫泥田、青粉泥田、小粉泥田和黄泥砂田改旱系列淀积层土壤活性铁变化幅度较小,推测原因是与地表水及人为扰动对该层影响较小且原先形成的铁氧化物相对稳定有关。不同类型水稻土改旱后,淀积层土壤活性铁变化又有一定差异。青紫泥田剖面第三层(25～47 cm)以及小粉泥田剖面第三层(22～67 cm),由于受地下水影响较小,改旱后,人为滞水水分状况消失,土壤水分含量降低,土壤通气性增强,致使土壤中部分活性铁转化为晶质铁,从而引起这些发生层中的土壤活性铁含量轻微降低。腐心青紫泥田第三层(30～75 cm)、青紫泥田第四层(47～88 cm)以及青粉泥田第四层(65～85 cm),在改旱后土壤活性铁含量略微增加,这与这些发生层所属的土壤类型以及在剖面中所处的位置有关,其共同特点是会受地下水的影响,并存在季节性的干湿交替;水田改旱作后,上述发生层土壤通气性增强,在地下水中亚铁离子的补充作用下,铁元素不断以离子态转化为活性态而淀积,从而使离子态与活性态的动态平衡状态不断向活性态方向移动,使得这些发生层中土壤活性铁含量略微增加,这与 Sah 等(1989)中关于离子态铁"泵升"到上层土壤的结论基本一致。改旱后,腐心青紫泥田、青紫泥田、青粉泥田、小粉泥田和黄泥砂田改旱系列土壤剖面潜育层和母质层中土壤水分含量、通气性及土壤有机质含量变化不明显,因而这些发生层中土壤活性铁含量变化也不明显。

改旱后,腐心青紫泥田、青紫泥田、青粉泥田、小粉泥田和黄泥砂田改旱系列土壤剖面中(特别是表层和亚表层土壤)氧化铁的活化度随改旱年限的延长明显降低,而铁氧化物的晶胶比显著增加,这主要与土壤中大量活性铁逐渐老化为晶质铁有关。

4. 络合铁

络合铁(Fe_p)是游离铁与有机质结合形成的,属于无定形物质,在相同土壤类型中,其含量常与土壤有机质的含量呈正相关。土壤中络合铁的形成是引起铁离子在土壤中移动的重要原因之一(鲁如坤,2000)。水田改旱作后,腐心青紫泥田、青紫泥田、青粉泥田、小粉泥田和黄泥砂田改旱系列土壤剖面中络合铁含量有降低的趋势,且土壤络合铁含量随剖面深度的增加而降低,这与水田改旱作后土壤剖面中有机质的变化规律及剖面分布一致。相关性分析显示,5个水改旱系列土壤剖面中络合铁和有机质都呈显著正相关,相关性系数分别为 $r_1 = 0.74^*$ ($n_1 = 9$)、$r_2 = 0.92^{**}$ ($n_2 = 15$)、$r_3 = 0.94^{**}$ ($n_3 = 15$)、$r_4 = 0.96^{**}$ ($n_4 = 12$)、$r_5 = 0.80^{**}$ ($n_5 = 12$),表明水田改旱作后,土壤有机质含量变化是引起土壤中络合铁含量变化的重要原因。

5. 亚铁

土壤淹水后,土壤氧化铁发生还原反应,在该过程中,土壤微生物利用外界的 Fe(Ⅲ)作为电子受体,氧化体内的基质为电子供体,从而使 Fe(Ⅲ)还原为 Fe(Ⅱ),而 Fe(Ⅲ)转化为 Fe(Ⅱ)的过程所释放出来的能量也被微生物所捕获,用于满足生长发育的需要。这种过程被称为异化铁还原作用,是微生物铁代谢的一种形式,也是自然界中铁发生还原的主要形式(Brennan 等,1998)。水田改旱作后,人为滞水水分状况消失,氧化还原电位升高,土壤由淹水状态下的厌氧环境为主,转化为好氧环境为主,化学氧化速率明显加快;土壤有机质含量和 pH 值下降。在多种因素的影响下,大量 Fe(Ⅱ)在化学氧化和微生物的作用下,重新被氧化为 Fe(Ⅲ)。

水田改旱作后,腐心青紫泥田、青紫泥田、青粉泥田、小粉泥田和黄泥砂田改旱系列土壤剖面中 Fe(Ⅱ)含量都呈现下降趋势,其中表层和亚表层土壤中亚铁含量下降最明显(图 4.9)。各发生层中土壤亚铁总量的变化趋势和活性铁的变化趋势基本一致,5 个水改旱系列土壤剖面中亚铁与活性铁呈显著或极显著正相关,相关性系数分别为 $r_1 = 0.72^*$ ($n_1 = 90$)、$r_2 = 0.75^{**}$ ($n_2 = 15$)、$r_3 = 0.82^{**}$ ($n_3 = 15$)、$r_4 = 0.62^*$ ($n_4 = 12$)、$r_5 = 0.60^*$ ($n_5 = 12$)。

　　由于土壤类型的差异,土壤水热条件不同,不同系列水改旱剖面土壤 Fe(Ⅱ)
被氧化的速率略有差异。在 5 个水改旱系列土壤剖面中,小粉泥田改旱作后土壤
Fe(Ⅱ)下降最明显,水改旱 15 年后耕层土壤 Fe(Ⅱ)仅占长期植稻土壤耕层
Fe(Ⅱ)含量的 4.22%;改旱后,腐心青紫泥田改旱系列土壤中 Fe(Ⅱ)下降幅度最
小,水改旱 15 年后耕层土壤 Fe(Ⅱ)是长期植稻土壤耕层 Fe(Ⅱ)含量的 24.73%。
这是由于腐心青紫泥田改旱系列土壤地下水位较高,改旱后耕层土壤在湿季仍然
能够受到地下水的影响,因而水田改旱作后,该系列土壤中 Fe(Ⅱ)降幅相对于地
下水位较低的其他水改旱系列土壤变化小;此外,腐心青紫泥田改旱系列中旱作
土壤有机质含量依然较高,这有利于 Fe(Ⅱ)的形成,而小粉泥田改旱系列的旱作
土壤有机质含量较低,因而不利于土壤 Fe(Ⅱ)的形成(丁昌璞等,2011)。

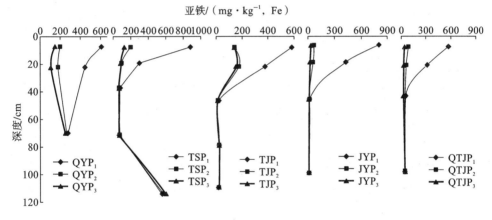

亚铁/（mg·kg^{-1}，Fe）

图 4.9　水改旱系列土壤剖面中亚铁分布

6. 水溶性铁

　　一般而言,土壤中水溶态铁(Fe$_w$)含量很低,不足全部亚铁的 5%(丁昌璞等,
2011)。如表 4.9 所示,水田改旱作后,土壤剖面中水溶态铁含量呈现下降的趋
势,其中表层和亚表层土壤水溶态铁降低较明显。各水改旱系列土壤相对比,小
粉泥田改旱作后土壤水溶态铁含量降低最明显,水改旱 15 年后耕层土壤水溶态
铁含量仅占长期植稻土壤耕层水溶态铁含量的 15.60%;腐心青紫泥田改旱作后
土壤中亚铁降低幅度较小,水改旱 15 年后耕层土壤水溶态铁是长期植稻土壤耕
层水溶态铁含量的 53.43%。水田改旱作后,土壤水溶态铁含量降低主要与旱作
后土壤水分含量降低、土壤通气状况改善、氧化还原电位升高以及土壤的酸碱性
变化有关;而不同水改旱系列土壤水溶性铁含量变化速率的差异主要与土壤类型
有关,这与水田改旱作后土壤总亚铁的变化规律和成因相似。

表4.9　水改旱系列土壤剖面中铁氧化物组成

土壤剖面	采样深度/cm	全铁/(g·kg⁻¹)	游离铁/(g·kg⁻¹)	游离度/(%)	活化度/(%)	晶胶比	络合铁/(g·kg⁻¹)	络合度/(%)	水溶态铁/(mg·kg⁻¹)
QYP₁	0~14	44.52	16.79	37.72	52.37	0.91	2.53	28.77	33.37
	14~30	45.52	16.39	36.01	43.21	1.31	1.55	21.89	23.02
	30~75	48.18	22.91	47.56	27.93	2.58	1.42	22.19	24.34
QYP₂	0~14	47.24	18.08	38.28	42.90	1.33	1.58	20.37	22.74
	14~30	47.59	17.80	37.39	27.79	2.60	1.43	28.92	19.59
	30~75	50.94	19.74	38.75	30.91	2.23	1.53	25.07	16.78
QYP₃	0~14	46.97	18.46	39.29	29.52	2.39	1.76	32.30	17.83
	14~30	46.15	18.18	39.39	21.99	3.55	1.65	41.28	21.39
	30~75	48.57	17.45	35.93	35.52	1.82	1.55	25.01	13.03
TSP₁	0~12	47.05	20.58	43.75	59.75	0.67	2.15	17.51	10.45
	12~25	49.42	21.17	42.83	49.29	1.03	1.77	16.92	3.90
	25~47	50.32	22.87	45.45	12.88	6.77	0.81	27.56	0.44
	47~88	43.58	21.29	48.85	13.71	6.29	0.64	21.80	0.42
	88~130	43.44	10.30	23.71	93.63	0.07	0.17	1.74	13.40
TSP₂	0~12	49.75	22.04	44.31	48.51	1.06	1.54	14.41	6.79
	12~25	50.83	22.15	43.58	34.47	1.90	0.82	10.79	1.36
	25~47	47.57	21.61	45.44	13.51	6.40	0.66	22.72	0.41
	47~88	44.40	21.49	48.40	15.26	5.55	0.57	17.44	0.43
	88~130	43.49	10.25	23.56	93.04	0.07	0.14	1.46	13.14
TSP₃	0~12	50.55	22.37	44.26	44.97	1.22	1.37	13.61	4.00
	12~25	51.41	22.59	43.95	24.16	3.14	0.73	13.40	0.63
	25~47	47.15	21.23	45.04	12.38	7.08	0.62	23.45	0.38
	47~88	45.66	22.11	48.42	17.58	4.69	0.27	6.82	0.43
	88~130	43.79	10.35	23.63	93.24	0.07	0.14	1.50	13.07

土壤剖面	采样深度/cm	全铁/(g·kg^{-1})	游离铁/(g·kg^{-1})	游离度/(%)	活化度/(%)	晶胶比	络合铁/(g·kg^{-1})	络合度/(%)	水溶态铁/(mg·kg^{-1})
TJP$_1$	0~17	55.88	20.13	36.02	38.73	1.58	1.83	23.45	10.68
	17~30	65.65	26.40	40.21	13.83	6.23	1.54	42.21	17.74
	30~65	89.37	44.40	49.69	2.64	36.85	0.08	7.07	2.86
	65~85	104.92	53.89	51.37	1.84	53.35	0.06	6.12	1.45
	85~140	77.69	31.81	40.94	4.99	19.04	0.06	3.60	3.56
TJP$_2$	0~17	60.72	22.06	36.34	29.59	2.38	1.56	23.86	7.57
	17~30	60.64	23.73	39.13	14.58	5.86	1.27	36.73	10.24
	30~65	85.59	42.51	49.66	2.89	33.57	0.06	4.63	2.29
	65~85	100.10	46.90	46.85	2.10	46.66	0.06	5.66	1.39
	85~140	77.60	30.17	38.87	4.94	19.24	0.56	37.82	3.03
TJP$_3$	0~17	61.14	24.24	39.64	19.81	4.05	1.44	29.92	3.62
	17~30	60.26	22.21	36.85	15.61	5.40	0.86	24.82	4.62
	30~65	83.74	39.96	47.72	3.02	32.09	0.41	33.78	2.06
	65~85	106.35	54.32	51.08	2.38	41.02	0.05	4.18	1.22
	85~140	77.55	29.40	37.91	4.83	19.71	0.55	38.91	2.36
JYP$_1$	0~12	47.35	12.20	25.76	63.76	0.57	2.95	37.95	12.05
	12~22	49.59	11.29	22.77	71.12	0.41	2.39	29.73	12.12
	22~67	43.06	10.19	23.67	26.57	2.76	1.26	22.94	1.50
	67~120	56.74	16.57	29.21	7.69	12.01	0.75	58.98	1.23
JYP$_2$	0~12	47.72	12.26	25.68	55.55	0.80	2.04	29.97	2.91
	12~22	50.86	11.46	22.53	58.35	0.71	1.58	23.69	3.47
	22~67	46.21	11.36	24.58	17.98	4.56	1.04	29.59	0.65
	67~120	56.40	16.50	29.25	7.17	12.95	0.75	63.15	0.55
JYP$_3$	0~12	47.93	12.68	26.46	50.34	0.99	1.96	30.72	1.88
	12~22	51.56	12.49	24.23	43.38	1.30	1.24	22.88	2.06
	22~67	48.34	11.58	23.95	14.75	5.78	0.68	24.97	0.51
	67~120	56.30	16.17	28.72	7.03	13.22	0.63	55.23	0.42

续表

土壤剖面	采样深度/cm	全铁/(g·kg⁻¹)	游离铁/(g·kg⁻¹)	游离度/(%)	活化度/(%)	晶胶比	络合铁/(g·kg⁻¹)	络合度/(%)	水溶态铁/(mg·kg⁻¹)
QTJP₁	0~15	43.59	24.33	55.80	18.01	4.55	1.06	24.20	9.34
	15~28	50.19	28.37	56.53	15.71	5.37	1.23	27.58	2.83
	28~60	58.03	35.00	60.32	9.80	9.20	0.36	10.50	2.32
	60~120	73.29	43.31	59.10	5.56	17.00	0.17	7.05	2.48
QTJP₂	0~15	42.74	24.58	57.52	16.20	5.17	0.71	17.84	5.23
	15~28	49.52	26.01	52.51	13.56	6.37	0.46	13.03	1.87
	28~60	56.39	34.14	60.53	9.96	9.04	0.35	10.29	2.24
	60~120	72.43	42.61	58.83	5.63	16.75	0.15	6.25	2.39
QTJP₃	0~15	44.19	24.16	54.67	12.71	6.87	0.37	12.05	2.89
	15~28	49.65	26.81	54.00	11.73	7.53	0.28	8.92	0.89
	28~60	56.42	36.79	65.20	9.78	9.23	0.35	9.72	2.19
	60~120	77.16	42.90	55.60	5.37	17.61	0.14	6.06	2.43

注:水溶态铁以 Fe 计,其他形态铁均以 Fe_2O_3 计。

十三、土壤锰氧化物组成的变化

锰是土壤中化学性质十分活跃的元素,锰的氧化还原和淋溶特征是土壤中锰容易缺乏或过量的重要原因。土壤中常见的含锰氧化物主要有软锰矿(MnO_2)、水锰矿($MnOOH$)、灰铁锰矿(Mn_2O_3)和黑锰矿(Mn_3O_4)(丁昌璞等,2011)。土壤剖面中锰的含量和分布不仅与成土母质、成土过程有关,更容易受耕作制度、地下水位、有机肥施用等人为因素的影响(Snyder 等,1990)。

影响锰氧化物转化的环境条件主要有以下几种。

(1) pH 值和 Eh 值。土壤 pH 值是土壤中影响锰化学行为的重要因素,一般 pH 值降低土壤可溶性锰增加,而 pH 值上升还原态氧化锰含量增加,可溶性锰含量减少。土壤中水溶态锰含量的下降主要是氧化作用所造成的,而中性或碱性环境则大大加速了锰的氧化。土壤 Eh 值,其高低直接影响土壤含锰矿物的氧化和还原。

(2) 水分状况。土壤水分状况直接影响土壤氧化还原电位和微生物区系及其活动,因而水分状况也不可避免地影响锰的化学行为。水田土壤由于长期淹水、氧分压下降,厌氧菌的代谢活动加强以及有机还原性物质产生,大大加速了土壤中锰的还原。

（3）土壤有机质。土壤有机质与锰的结合是锰存在的一种重要形态,有机质的螯合作用和自身的降解,能够影响锰的转化和有效性。

（4）微生物。微生物对土壤锰的转化主要通过影响土壤锰的氧化还原过程而起作用。

（5）土壤氧化物。土壤氧化物是一类比表面巨大、对阴阳离子具有强烈专性吸附能力的胶体物质,其主要组分是铁、锰、铝、硅的氧化物及其氢氧化物。氧化物对锰形态转化的影响除了氧化锰自身的转化(还原溶解)外,最主要的就是氧化物对锰的专性吸附(刘学军等,1997,1999)。

1. 全锰

锰元素与铁元素的性质相似,但锰元素更加活泼,其形态变化更加复杂。改旱后,腐心青紫泥田、青紫泥田、青粉泥田、小粉泥田和黄泥砂田改旱系列土壤剖面中全锰(Mn_t)含量发生了很大的变化。旱作土壤表层和亚表层土壤全锰含量显著高于水田耕层和犁底层土壤。一方面,由于土壤中锰向下淋溶淀积的影响;另一方面,依据日本学者川口桂三(1984年)的研究结果,锰的淋失主要发生在稻田排水期间,大量锰元素随排水而流失,水田周期性的干湿交替加剧了耕层土壤锰的淋失。

改旱后,腐心青紫泥田、青紫泥田、青粉泥田、小粉泥田和黄泥砂田改旱系列淀积层土壤(植稻土壤的水耕氧化还原层和旱作土壤的B层)中全锰变化较复杂。改旱后,青紫泥田改旱系列土壤剖面(25～47 cm和47～88 cm)土层和小粉泥田改旱系列土壤剖面(22～67 cm)土层,由于缺少来自上层土壤锰元素的淋溶淀积,这些发生层土壤全锰含量略微下降;而改旱后,青粉泥田改旱系列(30～65 cm)土层和黄泥砂田改旱系列(28～60 cm)土层,由于受地下水或土壤毛管水“泵升”到淀积层的影响,地下水中的水溶态锰也被带到淀积层,地下水位下降时,还原态锰在氧化还原层淀积,从而使这些发生层全锰含量升高。水田改旱作后青紫泥田改旱系列土壤剖面(47～88 cm)土层全锰含量略有下降,这与全铁含量的变化趋势不同,推测是铁、锰活性的差异引起的,由于锰的活性较铁强,因铁离子、锰离子“泵升”后,铁会先于锰发生淀积,而低价态锰反而会随“泵升”到上层的地下水流失。腐心青紫泥田改旱系列土壤剖面(30～75 cm)土层,由于长期受到地下水的影响,土壤中全锰含量变化不明显。

从土壤剖面中全锰的空间分布来看,由于长期水耕过程中淋溶淀积作用的影响,青紫泥田、青粉泥田、小粉泥田和黄泥砂田改旱系列土壤剖面中出现全锰在水稻土水耕氧化还原层和旱耕土壤B层淀积的现象,即淀积层土壤全锰含量明显高于表层和亚表层土壤。

2. 游离锰

由于供试土壤中,全锰主要以游离态形式存在,腐心青紫泥田、青紫泥田、青粉泥田、小粉泥田和黄泥砂田改旱后,土壤剖面中游离锰的变化规律与全锰的变化规律基本一致。水田改旱作后,剖面表层和亚表层土壤游离锰(Mn_d)含量整体呈现增加趋势,表下层土壤游离锰含量变化比较复杂,与全锰含量变化趋势基本一致。水田改旱作后,土壤剖面中游离锰变化的形成原因与全锰变化的原因是相似的。

3. 活性锰

腐心青紫泥田、青紫泥田、青粉泥田、小粉泥田和黄泥砂田改旱后,土壤剖面中活性锰(Mn_o)与活性铁变化规律存在很大差异。水田改旱作后,土壤剖面中活性锰的变化主要受两方面因素的影响:一方面,与铁锰活性差异有关,由于锰比铁的活性强,受自然含水量下降等因素的影响,土壤活性铁比活性锰更容易老化为晶质态;另一方面,由于供试土壤中游离锰大部分以活性锰的形态存在,因而游离锰和活性锰之间存在显著的内相关关系,因而活性锰受游离锰和全锰变化趋势的影响。

分析表明,本研究中,大多情况下土壤活性锰与游离锰的变化趋势是基本一致的。改旱后,腐心青紫泥田、青紫泥田、青粉泥田和黄泥砂田改旱系列剖面表层和亚表层土壤活性锰含量随着土壤游离锰含量的升高而增加;小粉泥田改旱系列表层和亚表层土壤活性锰含量呈现下降的趋势,这一方面是由于水田改旱作后自然含水量下降,土壤活性锰老化,另一方面,由于该发生层中游离锰增加幅度较小或变化不明显,因而对土壤活性锰的含量变化未产生显著影响。

改旱后,腐心青紫泥田、青紫泥田、青粉泥田、小粉泥田和黄泥砂田改旱系列土壤淀积层(植稻土壤的水耕氧化还原层和旱作土壤的 B 层)中活性锰变化比较多样。青粉泥田改旱系列 30～65 cm 土层和小粉泥田改旱系列 22～67 cm 土层中土壤活性锰含量呈现下降趋势,这主要是水田改旱作后该发生层土壤活性锰老化的结果。青紫泥田改旱系列淀积层土壤活性锰变化不明显。黄泥砂田改旱系列剖面 28～60 cm 土层中土壤活性锰含量受游离锰含量增加的影响,也呈现增加的趋势。水田改旱作后,5 个水改旱系列土壤剖面母质层和潜育层土壤活性锰含量变化不明显。改旱后,腐心青紫泥田、青粉泥田和黄泥砂田土壤氧化锰的活化度整体上呈增加趋势,青紫泥田土壤氧化锰的活化度变化不明显,而小粉泥田土壤氧化锰的活化度呈下降趋势。改旱后土壤活性锰和锰活化度变化比较复杂多样,主要是由于锰元素较活泼,且影响游离锰和活性锰的因素较多的缘故。

4. 络合锰

对比表4.2和表4.10可知,改旱后,腐心青紫泥田、青紫泥田、青粉泥田、小粉泥田和黄泥砂田改旱系列土壤剖面中络合锰(Mn_p)和有机质的变化趋势基本一致,表层和亚表层土壤络合锰含量随着改旱时间的增加而明显下降,淀积层土壤络合锰含量也呈现下降趋势,母质层和潜育层土壤络合锰变化不明显。相关性分析表明,青紫泥田、青粉泥田、小粉泥田和黄泥砂田改旱系列土壤剖面中络合锰和有机质都呈极显著正相关,而腐心青紫泥田改旱系列剖面土壤中由于添加大量有机质料,土壤剖面中络合锰与有机质未达到显著相关。腐心青紫泥田、青紫泥田、青粉泥田、小粉泥田和黄泥砂田改旱系列土壤剖面中土壤络合锰和有机质的相关性系数分别为$r_1=0.62(n_1=9)$、$r_2=0.87^{**}(n_2=15)$、$r_3=0.87^{**}(n_3=15)$、$r_4=0.90^{**}(n_4=12)$、$r_5=0.94^{**}(n_5=12)$,表明水田改旱作后,土壤有机质变化是引起土壤络合锰变化的重要原因。

表 4.10 水改旱系列土壤剖面中锰氧化物组成

土壤剖面	采样深度/cm	全锰/(g·kg^{-1})	游离锰/(g·kg^{-1})	锰游离度/(%)	活性锰/(g·kg^{-1})	锰活化度/(%)	络合锰/(mg·kg^{-1})	二价锰/(mg·kg^{-1})
QYP$_1$	0~14	0.59	0.36	60.75	0.28	79.09	22.98	39.04
	14~30	0.64	0.42	65.88	0.35	83.01	14.82	17.67
	30~75	0.51	0.46	90.89	0.26	56.26	7.18	15.23
QYP$_2$	0~14	0.63	0.35	55.44	0.30	86.18	22.48	14.77
	14~30	0.65	0.44	68.21	0.37	83.26	13.87	12.67
	30~75	0.48	0.45	93.64	0.27	59.64	6.40	14.70
QYP$_3$	0~14	0.76	0.49	64.04	0.43	89.09	20.68	11.76
	14~30	0.76	0.48	63.38	0.37	76.39	8.92	10.67
	30~75	0.52	0.47	89.86	0.25	53.16	7.06	10.55
TSP$_1$	0~12	0.46	0.27	58.18	0.19	72.89	52.72	101.27
	12~25	0.49	0.27	54.85	0.20	70.76	43.61	40.10
	25~47	0.74	0.67	90.71	0.55	80.97	11.17	16.69
	47~88	0.71	0.64	88.95	0.58	91.81	8.93	10.69
	88~130	0.41	0.26	62.51	0.25	98.55	13.92	30.45

续表

土壤剖面	采样深度/cm	全锰/(g·kg⁻¹)	游离锰/(g·kg⁻¹)	锰游离度/(%)	活性锰/(g·kg⁻¹)	锰活化度/(%)	络合锰/(mg·kg⁻¹)	二价锰/(mg·kg⁻¹)
TSP₂	0~12	0.47	0.28	58.71	0.17	62.58	51.00	78.42
	12~25	0.51	0.34	66.90	0.26	75.36	36.86	39.91
	25~47	0.71	0.63	88.46	0.53	84.69	8.72	15.80
	47~88	0.68	0.56	83.00	0.49	86.64	6.65	16.90
	88~130	0.41	0.30	72.40	0.27	92.18	13.59	33.82
TSP₃	0~12	0.50	0.35	69.57	0.26	75.07	46.00	41.84
	12~25	0.82	0.59	72.00	0.46	77.28	25.90	23.30
	25~47	0.65	0.61	94.18	0.52	85.46	6.41	15.63
	47~88	0.54	0.45	82.85	0.39	86.67	6.99	17.89
	88~130	0.41	0.30	71.67	0.27	90.21	11.61	30.50
TJP₁	0~17	0.17	0.05	30.04	0.03	56.30	18.68	11.97
	17~30	0.24	0.14	59.10	0.07	52.60	20.34	25.14
	30~65	0.88	0.79	89.31	0.60	75.70	7.19	15.27
	65~85	0.49	0.38	77.94	0.34	88.33	3.22	7.60
	85~140	0.54	0.45	83.84	0.37	82.82	8.30	15.81
TJP₂	0~17	0.20	0.10	52.06	0.07	66.95	15.90	14.29
	17~30	0.21	0.11	51.19	0.05	51.11	18.80	13.85
	30~65	0.90	0.63	70.04	0.52	83.06	4.88	11.28
	65~85	0.44	0.34	76.22	0.33	97.41	3.17	7.53
	85~140	0.53	0.47	87.69	0.38	81.51	5.66	10.87
TJP₃	0~17	0.30	0.17	55.63	0.11	63.23	14.13	9.73
	17~30	0.21	0.14	64.81	0.07	51.18	16.32	7.43
	30~65	0.98	0.79	79.90	0.53	67.09	4.81	7.12
	65~85	0.59	0.44	74.42	0.36	81.57	2.38	6.95
	85~140	0.54	0.50	94.11	0.27	54.52	6.10	5.70

续表

土壤剖面	采样深度/cm	全锰/(g·kg⁻¹)	游离锰/(g·kg⁻¹)	锰游离度/(%)	活性锰/(g·kg⁻¹)	锰活化度/(%)	络合锰/(mg·kg⁻¹)	二价锰/(mg·kg⁻¹)
JYP₁	0~12	0.34	0.19	54.98	0.17	91.12	67.42	72.15
	12~22	0.41	0.18	43.77	0.16	91.78	50.09	36.83
	22~67	0.53	0.37	69.32	0.30	82.13	22.20	17.10
	67~120	0.31	0.24	76.43	0.08	35.03	13.01	15.13
JYP₂	0~12	0.34	0.21	61.61	0.12	58.01	35.99	35.66
	12~22	0.41	0.21	50.85	0.13	60.07	35.23	12.17
	22~67	0.47	0.33	71.04	0.25	74.05	19.48	19.36
	67~120	0.31	0.21	66.65	0.07	36.14	10.45	15.63
JYP₃	0~12	0.36	0.22	60.92	0.06	28.74	28.07	30.96
	12~22	0.44	0.23	52.10	0.13	54.35	17.57	8.99
	22~67	0.42	0.24	56.91	0.15	62.56	11.56	12.74
	67~120	0.30	0.18	61.20	0.05	28.12	9.76	15.50
QTJP₁	0~15	0.3	0.14	47.04	0.09	65.75	37.07	33.64
	15~28	0.31	0.16	51.38	0.10	63.18	30.26	20.41
	28~60	1.04	0.88	84.92	0.80	90.31	10.56	12.33
	60~120	2.1	1.36	64.64	1.22	89.78	7.85	12.04
QTJP₂	0~15	0.35	0.18	50.64	0.16	90.90	27.51	22.56
	15~28	0.29	0.17	58.33	0.12	71.77	22.28	16.66
	28~60	1.36	1.04	76.78	1.01	96.97	9.66	11.93
	60~120	2.12	1.44	68.13	1.29	89.43	7.53	11.76
QTJP₃	0~15	0.48	0.28	58.94	0.26	93.03	20.19	20.43
	15~28	0.41	0.24	58.53	0.23	95.96	12.02	14.81
	28~60	1.65	1.35	82.08	1.30	95.67	7.90	12.16
	60~120	2.06	1.80	87.19	1.39	77.18	5.77	11.86

注:表中二价锰以 Mn 计,其他形态锰均以 MnO 计。

5. 二价锰

如表 4.10 所示,改旱后,腐心青紫泥田、青紫泥田、青粉泥田、小粉泥田和黄泥砂田改旱系列土壤剖面表层、亚表层和淀积层中二价锰含量总体上呈现降低的趋势,但降低的幅度小于亚铁,原因如下:铁和锰化学性质虽然相似,但 Fe^{2+} 的还原性比 Mn^{2+} 的强,铁的氧化还原电位低于锰,因而 Fe^{2+} 暴露在空气中后更容易被氧化,相同 pH 值时二价铁比二价锰的氧化速率快。有研究表明,Fe^{2+} 在 pH>5 时就可以被化学氧化为 Fe^{3+},而 Mn^{2+} 的化学氧化仅在 pH>8 时才发生,在中性或酸性环境下锰的氧化作用肯定是由微生物催化的(波尔等,1993),目前已知若干细菌和真菌(如节细菌属、球衣菌属等)可氧化锰离子。由于供试表层和亚表层土壤均为中性或偏酸性土壤,因而 Mn^{2+} 化学氧化不明显,而无论是在嫌气条件下还是在好气条件下,土壤微生物都能够将锰氧化物还原(Mckenzie 等,1972),这也是 Mn^{2+} 与 Fe^{2+} 相比变化不明显的主要原因。水田改旱作后,潜育层和母质层土壤中二价锰含量变化不明显。

按照伦特斯关系,在铁、锰均可还原的情况下 Mn^{2+} 的生成量是 Fe^{2+} 的 32 倍。也就是,只要土壤中无定形铁/无定形锰<32,锰的还原占优势,反之铁的还原多于锰。以青紫泥田改旱系列剖面表层土壤铁、锰形态变化为例,水稻土中活性铁含量是 12.3 $g \cdot kg^{-1}$,活性锰含量为 0.19 $g \cdot kg^{-1}$,活性铁含量是活性锰含量的 64 倍,按照伦特斯关系,这时 Fe^{2+} 大约应是 Mn^{2+} 的两倍;而事实上 Fe^{2+} 含量为 933 $mg \cdot kg^{-1}$,Mn^{2+} 为 101 $mg \cdot kg^{-1}$,Fe^{2+} 浓度约是 Mn^{2+} 浓度的 9 倍;因而此时与铁相比锰还原占优势,也就是 Fe^{2+} 的氧化占优势。在青紫泥田改旱以后,氧化电位上升,Fe^{2+} 比 Mn^{2+} 的氧化速率快。在改旱前期氧化还原电位略微上升时,Fe^{2+} 已经开始减少,随着表层含水量和氧化还原电位的进一步升高,在化学氧化和微生物作用下 Fe^{2+} 和 Mn^{2+} 都开始减少。

综上,水田改旱作后,影响土壤中 Mn^{2+} 浓度的变化的因素主要如下:微生物对 Mn^{2+} 催化氧化作用的影响;Mn^{2+} 在空气中的化学氧化速率;强降雨时,表层 Mn^{2+} 随水流的迁移;土壤剖面中锰的淋溶淀积以及铁锰活性的差异。

第三节　讨论与结论

一、乡村旅游目的地土壤基本理化性质演变及对环境影响

乡村旅游目的地水田利用方式改变后,腐心青紫泥田、青紫泥田、青粉泥田、

小粉泥田和黄泥砂田改旱系列土壤剖面形态及发生学性质发生显著变化,并对土壤环境产生很大影响。水田改旱作后,土壤(特别是表层和亚表层土壤)活性铁含量降低,这不利于土壤良好结构的形成;表层土壤结构由团块状变为块状(或碎屑状),土壤结构变差,影响作物生长。水田改旱作后,人为滞水水分状况消失,土壤通气性增强,氧化还原电位升高,大量的 Mn^{2+} 和 Fe^{2+} 被氧化,该反应释放出 H^+,使土壤变酸,反应过程如下:$Fe^{2+}+2H_2O \rightarrow FeOOH+3H^++e^-$,$Mn^{2+}+2H_2O \rightarrow MnO_2+4H^++2e^-$(于天仁和陈志诚,1990)。

有研究表明,到 1998 年全球已有 6.6 亿 hm^{-2} 草地开垦为农田,使得草地有机碳的储量由 116 $t \cdot hm^{-2}$ 降低到 87 $t \cdot hm^{-2}$(Lal 等,1998),平均 1 m 深度损失 20%～30%。水田改玉米地后表层土壤(0～15 cm)有机碳损失率为 1.9 $t \cdot hm^{-2} \cdot a^{-1}$(李志鹏等,2007)。

本研究参考单正军等(1996)和中国土壤系统分类检索(2001)估算温室气体排放的方法,根据土壤有机碳的剖面分布特征,分层计算土壤有机碳损失量的计算公式为 $C=0.58^* H \cdot B \cdot O$,计算出的各土层有机碳相加,就是土壤剖面中有机碳总量。水田和改旱地土壤剖面有机碳总量的差值,即为水改旱后,1 m 以内土体固定的有机碳减少的量。腐心青紫泥田、青紫泥田、青粉泥田、小粉泥田长期旱地有机碳年损失率分别为 2.06、2.92、1.14 和 1.54 $t \cdot hm^{-2} \cdot a^{-1}$,1 m 深度土体内有机碳含量分别为 191.29、103.32、97.66 和 73.5 $t \cdot hm^{-2}$。

有研究表明,1995—2012 年浙江省农业主要投入要素碳排放量在 188.0 万～204.0 万 t 之间(汪玉磊等,2016)。2010 年浙江第一产业产生碳排放为 770.22 万 t;2013 年第一产业产生碳排放 853.40 万 t(汪燕等,2016)。由前文计算得知 1 m 深度土体内 4 个系列(对应第五章的 4 类水耕人为土)土壤有机碳年损失率在 1.14 万～2.92 $t \cdot hm^{-2} \cdot a^{-1}$ 之间;综上推算出浙江省 1995—2019 年间平均每年因水改旱作导致 1 m 深土壤剖面有机碳储量减少 122.96 万～314.95 万 t,平均减少了 218.96 万 t。综合以上数据粗略估算,近 20 年浙江省每年水田改为旱地而产生的碳排放量约占第一产业碳排放量的 1/4,与浙江省每年农业主要投入要素碳排放量相当;与 Nishimura 等(2008)在综合考虑多种温室气体排放后得出水改旱导致土壤碳素损失的结论是一致的。乡村旅游目的地水田利用方式改变后,土壤固碳能力明显减弱,增加了温室气体排放,对区域碳平衡产生了重要影响;有效控制水田改为旱地的土地面积,是减少第一产业碳排放量的重要方法。

二、乡村旅游目的地金属矿物演变规律及对生态环境影响

铁、锰的氧化物和氢氧化物具有较大的比表面积及表面的化学活性,对部分

重金属(如铅、铜、镉、锌)、非金属(如硒、氟)和含氧阴离子(如磷酸盐),有很高的吸附容量,控制着这些元素的形态、浓度和迁移转化,对这些元素植物有效性和环境毒性产生重要影响(于天仁等,1996;蔡妙珍和邢承华,2004)。重金属一般以专性吸附方式被铁氧化物、锰氧化物吸附,被吸附的重金属离子不易通过离子交换反应释放到溶液中(于天仁等,1996)。在植稻淹水还原条件下,吸附在铁氧化物、锰氧化物表面的重金属离子随着铁、锰的还原溶解而释放。水田改旱作后,虽然因铁、锰还原溶解而释放的重金属减少,但土壤氢氧化铁(锰)、活性铁(锰)等比表面积较大的土壤铁(锰)氧化物逐渐老化为晶质态,其比表面积减少,对重金属和非金属的吸附能力降低,从而影响这些元素的植物有效性和环境毒性。

有研究表明,水稻土中有机碳和铁铝键合态的稳定结合可以降低有机碳矿化速率,增强其化学稳定作用,因而通常情况下水田土壤中有机碳含量较旱地土壤高,且积累较快(周萍等,2009)。Khalid 等(1977)指出,在淹水条件下,结晶较差的无定形铁锰氧化物引起的大量活性表面具有双重作用,既可增加对磷的吸附,也可以对磷的释放增加表面。邵兴华(2005)对比无定形氧化物在淹水条件下对磷吸附和解吸的双重作用得出,淹水后其对磷的吸附作用占主导地位。水田改旱作后,土壤中活性铁含量降低,对磷的吸附性减弱,从而增加了磷素在环境中的淋失风险。

第四节　本章小结

乡村旅游目的地水田改休闲农业用地后,由于地表缺少灌溉水补给,地下水位及表层和亚表层土壤自然含水量明显下降,这与方利平等的研究结果基本一致(方利平和章明奎,2006)。水田改休闲农业用地后,在土壤水分含量和有机质含量下降、翻耕减少和游人踩踏等因素的影响下,腐心青紫泥田、青紫泥田、青粉泥田、小粉泥田和黄泥砂田改旱系列土壤剖面的形态特征及发生学特性发生明显变化,剖面中土壤结构体大小总体呈现增大趋势;表层和亚表层土壤基质颜色色值基本保持不变,而明度和彩度总体呈增加趋势;各发生层土壤容重和坚实度整体呈增加趋势,孔隙度呈降低趋势,由于土壤挤压和黏粒淀积等因素影响,淀积层上部土壤坚实度和容重均高于其他发生层;表层和亚表层土壤中铁锈斑纹及锈色根孔等新生体明显减少,颜色变暗,青粉泥田改旱系列土壤淀积层中铁锰结核增多,硬度增加;各发生层土壤逐渐酸化,有机质含量下降;表层土壤阳离子交换量有轻微下降趋势,其他发生层无明显变化;土壤颗粒组成变化不明显。

腐心青紫泥田、青紫泥田、青粉泥田、小粉泥田和黄泥砂田改旱后,土壤剖面中铁、锰氧化物组成发生变化。不同类型水改旱系列土壤铁、锰氧化物组成变化规律略有差异,整体表现为各发生层中全铁和游离铁变化不明显,而活性铁、络合铁、亚铁总量及水溶性铁呈下降趋势。由于锰较铁更加活泼,因而其在土壤剖面中的变化规律更加多样。改旱后表层和亚表层土壤中全锰和游离锰含量较水田高;游离锰主要以活性态存在,受游离锰变化趋势的影响,改旱后土壤表层和亚表层中活性锰含量较水田高;随着旱作时间的延长和土壤剖面深度的增加,土壤剖面中络合锰含量整体呈现下降趋势;水田改旱作后,土壤剖面中二价锰含量总体上呈现下降趋势,其中以表层土壤中二价锰含量变化为最明显。水田改旱作后,土壤铁、锰氧化物形态的变化能够对土壤结构、土壤养分及土壤重金属的迁移转化等产生重要影响。

第五章　乡村旅游目的地土壤诊断特征及土壤类型的演变

　　随着浙江农村地区经济结构调整和乡村旅游发展,一些乡村开发休闲农业旅游资源,建设休闲农业旅游设施,将一些水田改种经济林以及花卉、苗圃、果树等经济作物。土地利用方式改变后,水分管理、养分管理、耕作方式及人为活动对土壤的干扰作用发生相应变化,土壤水热状况改变,继而引起土壤发生学性质、土壤诊断特征和土壤类型发生演变。

　　中国土壤系统分类是以诊断层和诊断特性为基础的系统化、定量化的系统分类,诊断层和诊断特性体现了土壤形态、土壤特性和土壤发生三者的结合。诊断层和诊断特性为供高级分类的诊断特征,是成土过程产生的或影响成土过程的、可量度或可观察的土壤性质。诊断层用于鉴别在性质上有一定系列定量规定的特定土层;如果分类目的不是土层,而是具有定量规定的土壤性质(形态的、物理的和化学的),则称为诊断特性。水耕人为土过去称为水稻土,在中国土壤系统分类中是有机土以外具有人为滞水水分状况、水耕表层和水耕氧化还原层的土壤;水稻土作为土壤中一种特殊类型,在我国土壤系统分类中占有重要地位(中国科学院南京土壤研究所土壤分类课题组,2001;张甘霖和龚子同,2001)。根据《中国土壤系统分类检索》(第三版)(人为土亚纲B1)关于水耕人为土亚纲的检索要求,水耕人为土是人为土纲中具有人为滞水水分状况的土壤。浙江省内4种水耕人为土均有分布,以铁聚和简育水耕人为土分布最为广泛(邱志腾等,2018)。潜育水耕人为土多分布在地洼区,一般地下水位较高,表层土壤容易受到地下水的影响;铁渗水耕人为土由于强烈还原淋溶和氧化淀积作用,有明显的铁淋失的亚层;铁聚水耕人为土具有明显氧化还原淋溶和氧化铁淀积作用,在水耕氧化还原层的上部具有明显的铁积累亚层;简育水耕人为土是氧化还原作用引起的铁锰淋溶淀积作用较弱的一类水耕人为土(邱志腾等,2018)。

　　乡村旅游目的地水田利用方式改变后,土壤发生学性质发生变化,从而土壤诊断特征和土壤类型也发生演变。而目前有关水田改旱作不同年限后土壤发生学性质的研究较少,特别是针对水稻土改旱不同年限后土壤类型演化的研究至今尚无系统开展,从而影响了水田改旱作后土壤的正确分类。本章依据《中国土壤

系统分类检索》(第三版)中诊断层和诊断特性的要求,在以上各章节研究的基础
上,研究水田长期改旱过程中形成的土壤诊断特征及其与土地利用方式的关系,
根据水田改旱作后土壤存在的诊断层和诊断特性,对不同类型水改旱土壤类别进
行鉴定和分类,明确水改旱形成土壤的分类地位,为完善我国土壤分类系统提供
依据。

第一节　乡村旅游目的地土壤诊断层
和诊断特性的变化

一、水分状况

　　依据《中国土壤系统分类检索》(第三版),人为滞水土壤水分状况就是在水耕
条件下,由于缓透水犁底层的存在,耕作层被灌溉水饱和的水分状况。在该水分
状况下,大多数年份土温大于 5 ℃时至少有 3 个月被灌溉水饱和,并呈还原状态。
湿润土壤水分状况指一般降水分配平均或夏季降水多,土壤储水量加降水量大致
等于或超过蒸发量;大部分年份可下渗通过整个土壤。其指标是大部分年份水分
控制层段每年累计干燥时间少于 90 天。若 50 cm 深度处年平均土温小于 22 ℃,
冬季平均土温与夏季平均土温之差不低于 5 ℃,则大部分年份夏至后 4 个月内土
壤水分控制层段的全部呈现连续干燥的时间不足 45 天。若按 Penman 经验公式
推算,相当于年干燥度小于1,但月干燥度并不都小于1(中国科学院南京土壤研究
所土壤分类课题组,2001)。潮湿土壤水分状况是指大多数年份土温大于 5 ℃(生
物学零度)时的某一时期,全部或某些土层被地下水或毛管水饱和呈还原状态的
水分状况。若被水分饱和的土层因水分流动,存在溶解氧或环境不利于微生物活
动(例如低于 1 ℃),则不认为是潮湿水分状况。若地下水始终位于或接近地表
(如潮汐沼地、封闭洼地),则可成为"常潮湿土壤水分状况"(中国科学院南京土壤
研究所土壤分类课题组,2001)。常湿润土壤水分状况是指降水分布均匀、多云雾
地区(多为山地)全年各月水分均能下渗通过整个土壤的很湿的土壤水分状况。
大多数年份全年各月降水量超过蒸发量,土壤水分控制层段中土壤张力很少达到
100 kPa。若按 Penman 经验公式推算,则年干燥度和每月计干燥度几乎都小于 1
(中国科学院南京土壤研究所土壤分类课题组,2001)。

　　根据《中国土壤系统分类检索》(第三版)(人为土亚纲 B1)关于水耕人为土亚

纲的检索要求,水耕人为土是人为土纲中具有人为滞水水分状况的土壤。水田改旱作后,原水田表层土壤不再出现被灌溉水饱和的情况,即人为滞水土壤水分状况消失,并转变为其他类型的土壤水分状况。本研究中,腐心青紫泥田改旱系列土壤、青紫泥田改旱系列土壤、青粉泥田改旱系列土壤和小粉泥田改旱系列土壤分别采自宁绍水网平原和杭嘉湖水网平原,由于受较高地下水位的影响,改旱后土壤的水分状况均属于潮湿水分状况(章明奎和杨东伟,2013)。黄泥砂田改旱系列土壤剖面采自衢州市常山县,该地区年干燥度为0.60(<1),而7—10月干燥度均大于1,分别为1.28、1.65、1.24和1.34,因而改旱后土壤属于湿润土壤水分状况(衢州市农业局,1994)。

二、水耕表层

依据《中国土壤系统分类检索》(第三版),水耕表层是指在淹水耕作条件下形成的人为表层(包括耕作层 A 和犁底层 A_p)。它具有以下条件:厚度不少于 18 cm,大多数年份土温大于 5 ℃时至少有 3 个月具人为滞水水分状况,半个月以上时间因受水耕搅拌而具泥糊化;在淹水状态下,润态明度小于或等于 4,润态彩度小于或等于 2,色调通常比 7.5YR 更黄,乃至呈 GY、B 或 BG 等色调;排水落干后有锈纹、锈斑;下部亚层(犁底层)土壤容重与上部亚层(耕作层)土壤容重的比值大于或等于 1.10。

乡村旅游目的地水田改旱作后,5 个水改旱系列土壤剖面土温大于 5 ℃时至少有 3 个月具人为滞水水分状况,半个月以上时间因受水耕搅拌而具泥糊化的条件都不复存在,因而不再满足水耕表层的水分条件。腐心青紫泥田、青粉泥田和黄泥砂田改旱后土壤剖面耕作层和犁底层,以及小粉泥田改旱后土壤剖面 JYP_2 犁底层的土壤颜色不再满足水耕表层的条件(润态明度小于或等于 4,润态彩度小于或等于 2)。腐心青紫泥田、青紫泥田、青粉泥田、小粉泥田和黄泥砂田改旱后耕层土壤铁锈斑纹占结构体表面数量均减少到 5% 以下或完全消失,因而不再满足水耕表层中多锈纹、锈斑的条件。腐心青紫泥田、青紫泥田、青粉泥田、小粉泥田和黄泥砂田改旱后土壤剖面(QYP_3、TSP_2、TSP_3、TJP_2、TJP_3、JYP_3 和 $QTJP_3$)下部亚层(犁底层)与上部亚层(耕作层)土壤容重比值降低到 1.10 以下,不再满足下部亚层土壤容重与水耕表层中上部亚层比值大于或等于 1.10 的条件。

综上,水田改旱作后,人为滞水水分状况消失,水耕搅拌而糊泥化的状况不复存在,改旱后多数土壤颜色、新生体和土壤同种等特征也不再能满足水耕人为土的条件,即供试水田土壤改旱后不再符合水耕人为土(《中国土壤系统分类检索》

(第三版)(人为土亚纲 B1))的检索要求,而转变为中国土壤系统分类中的其他土壤类型。

三、水耕氧化还原层

依据《中国土壤系统分类检索》(第三版),水耕氧化还原层(B)是指位于水耕表层以下,具有氧化还原特征的土层,是水耕条件下铁锰自水耕表层或兼有自其下垫土层的上部亚层还原淋溶,或兼有由自下面潜育层或具潜育现象的土层还原上移,并在一定深度中氧化淀积的土层。它具有以下条件。

(1) 上界位于水耕表层底部,厚度不少于 20 cm。

(2) 有以下一个或一个以上氧化还原形态特征。

①铁锰氧化淀积分异不明显,以锈纹铁斑为主。

②有地表水(人为水分饱和)引起的铁锰氧化淀积分异,上部亚层以氧化铁分凝物(斑纹、凝团、结核等)占优势,下部亚层除氧化铁凝物外,尚有较明显至明显的氧化锰分凝物(黑色的斑点、斑块、豆渣状聚集体、凝团、结合等)。

③有地表水和地下水引起的铁锰氧化淀积分异,自上而下的顺序为铁淀积亚层、锰淀积亚层、锰淀积亚层和铁淀积亚层。

④紧接水耕表层之下有一带灰色的铁渗淋亚层,但不符合漂白层的条件;其离铁基质的色调为 10YR-7.5Y,润态彩度小于或等于 2;或有少量锈纹锈斑。

(3) 除铁渗淋亚层外,游离铁的含量至少为耕作层的 1.5 倍。

(4) 土壤结构体表层和孔道壁有厚度大于或等于 0.5 mm 的灰色腐殖质-粉砂-黏粒胶膜。

(5) 有发育明显的棱柱状和/或角块状结构。

本研究中,在水田土壤剖面(QYP_1、TSP_1、TJP_1、JYP_1 和 $QTJP_1$)水耕表层底部,都有厚度不少于 20 cm,且具有水耕氧化还原特征的水耕氧化还原层。水田改旱作后,由于水耕表层消失,因而改旱后土壤剖面中水耕氧化还原层不再满足"上界位于水耕表层底部,厚度大于或等于 20 cm"的条件,因而可以认为水耕氧化还原层也随之消失,即改旱后的土壤不在符合水耕人为土关于"人为土纲中具有水耕氧化还原层"的检索要求(中国科学院南京土壤研究所土壤分类课题组,2001)。

四、黏化层

依据《中国土壤系统分类检索》(第三版),黏化层黏粒含量明显高于上覆土层的表下层。其质地分异可以由表层黏粒分散后随悬浮液向下迁移并淀积于一定深度而形成的黏粒淀积层,也可以由原土层的原生矿物发生土内风化作用就地形成黏粒并聚集而形成的次生黏化层。若表层遭受侵蚀,此层可位于地表或接近地表。它具有以下条件。

(1) 无主要由沉积成因等造成 B 层黏粒含量相对增高的特征。

(2) 由于黏粒的淋移淀积:

①在大形态上,空隙壁和结构体表面有厚度大于 0.5 mm 的黏粒胶膜而且其数量应占该层结构面和空隙壁的 5% 或更多。

②在黏化层与其上覆淋溶层之间不存在岩性不连续的情况下,黏化层从其上界起,在 30 cm 范围内总黏粒($<2~\mu m$)和细黏粒($<0.2~\mu m$)含量与上覆淋溶层相比应高出:

a. 若上覆淋溶层任何部分的总黏粒含量小于 15%,则此层的绝对含量应不少于 3%;细黏粒与总黏粒之比一般应至少比上覆淋溶层多三分之一;

b. 若上覆淋溶层总黏粒为 15%~40%,则此层含量应不少于 20%(即不少于 1.2 倍);细黏粒与总黏粒之比一般应至少比上覆淋溶层多三分之一;

c. 若上覆淋溶层总黏粒为 40%~60%,则此层总黏粒的绝对增量应不少于 8%;

d. 若上覆淋溶层总黏粒不少于 60%,则此层总黏粒的绝对增量应不少于 8%。

③在微形态上,淀积黏粒胶膜、淀积黏粒薄膜、黏粒桥接物等应至少占薄片面积的 1%。

(3) 由于次生黏化的结果。

本研究中,水稻土在长期水耕熟化过程中,硅酸盐黏粒分散于水后形成悬浮液,随渗漏水向下移动,由于黏粒的淋移淀积,心土层(相当于水稻土的水耕氧化还原层和旱地土壤的 B 层下部)黏粒含量明显高于上覆淋溶层。研究中,供试水稻土及其改旱作后的土壤,在历史上长期植稻过程中,在水耕条件下,发生黏粒的垂直迁移,并在心土层淀积,形成明显的黏化层。5 个水改旱系列土壤剖面中上覆淋溶层黏粒含量都在 15%~40% 之间,且心土层黏粒总量均高于上覆淋溶层黏粒总量的 1.2 倍,能够满足上述黏化层需要具备的条件,因而可以推断出本研究中的水稻土及其改旱作后的土壤剖面都具有黏化层。

五、氧化还原特征

依据《中国土壤系统分类检索》(第三版),氧化还原特征是指由于潮湿水分状况、滞水水分状况或人为滞水水分状况的影响,大多数年份某一时期土壤受季节性水分饱和,发生氧化还原交替作用而形成的特征。它具有以下一个或一个以上的条件。

(1) 有锈斑纹,或兼有由脱潜而残留的不同程度的还原离铁基质。

(2) 铁磐。

(3) 无斑纹,但土壤结构体表面或土壤基质中占优势的润态彩度小于或等于2。

(4) 还原基质按体积计,小于30%。

本研究中,土壤剖面 QYP_1、QYP_2 和 QYP_3 的30~75 cm 土层有锈斑纹,且兼有由脱潜而残留的不同程度的还原离铁基质;土壤剖面 TSP_1、TSP_2 和 TSP_3 的47~88 cm 土层,以及土壤剖面 TJP_1、TJP_2 和 TJP_3 的65~85 cm 土层有铁锰凝团、结核和铁锰斑块;土壤剖面 JYP_1、JYP_2 和 JYP_3 的22~67 cm 土层,以及土壤剖面 $QTJP_1$、$QTJP_2$ 和 $QTJP_3$ 的28~60 cm 土层有大量铁锈斑纹。以上分析表明,供试土壤剖面(水田土壤剖面和旱作土壤剖面)都具有氧化还原特征。

六、潜育特征

依据《中国土壤系统分类检索》(第三版),潜育特征是指长期被水饱和,导致土壤强烈还原的特征。具有以下条件。

(1) 50%以上土壤基质(按体积计算)的颜色值:色调比 7.5Y 更绿或更蓝,或无彩色(N);或色调为 5Y,但润态明度大于或等于4,润态彩度小于或等于4;或色调为 2.5Y,但润态明度大于或等于4,润态彩度小于或等于3;或色调为 7.5YR-10YR,但润态明度在 4~7 之间,润态彩度小于或等于2;或色调比 7.5YR 更红或更紫,但润态明度在 4~7 之间,润态彩度为1。

(2) 在上述还原基质内外的土体中可以兼有少量锈斑纹、铁锰凝团、结合或铁锰管状物。

(3) 取湿土土块的新鲜断面,用10 g·kg^{-1}铁氰化钾水溶液测试显深蓝色;或用 2 g·kg^{-1} α-α′-联吡啶于中性的 1 mol·L^{-1}醋酸铵溶液测试,呈深红色。

本研究用 2 g·kg^{-1} α-α′-联吡啶于中性的 1 mol·L^{-1}醋酸铵溶液,对 5 个水

改旱系列剖面矿质土表至 100 cm 土壤进行潜育特征颜色测试,结果表明腐心青紫泥田土壤剖面 45～75 cm 土层内用 α-α′-联吡啶-醋酸铵溶液测试呈深红色,改旱作后的土壤剖面(0～75 cm)用 α-α′-联吡啶-醋酸铵溶液测试均不变色;青紫泥田土壤剖面中 88～100 cm 土层用 α-α′-联吡啶-醋酸铵溶液测试呈深红色,而改旱作后的土壤剖面(0～100 cm)颜色测试结果均不变色;青粉泥田、小粉泥田、黄泥砂田及其改旱后的土壤剖面(0～100 cm)用 α-α′-联吡啶-醋酸铵溶液测试均不变色。

供试土壤中,土壤剖面 QYP_1 45～75 cm 土层中 50％以土壤基质的颜色值色调为 5Y,润态明度大于或等于 4,润态彩度小于或等于 4,且土体中有少量铁锈斑纹;青紫泥田土壤剖面 TSP_1 中 88～100 cm 土层 50％以土壤基质的颜色值色调为 N,且土体中有少量铁锈斑纹;结合 α-α′-联吡啶-醋酸铵溶液颜色测试结果得出,供试腐心青紫泥田在系统分类中属于潜育水耕人为土,供试青紫泥田结合其他诊断特性,可将其归属为底潜铁渗水耕人为土亚类,它们改旱后的土壤相应转化为其他土壤类型。

第二节　乡村旅游目的地土壤类型的演变

一、腐心青紫泥田改旱后土壤类型的演变

长期种植水稻的剖面 QYP_1(腐心青紫泥田),发育了完整的水耕表层和水耕氧化还原层,并且 45～60 cm 范围的土层(≥10 cm)具有潜育特征,因此可判断出供试腐心青紫泥田在中国土壤系统分类中属于潜育水耕人为土。由于该土壤剖面中无划擦面、裂隙等变性现象,无硫化物质或含硫层、无盐积层、无复石灰作用、无灰色铁渗淋亚层、无铁聚层,因而该土壤可属于普通潜育水耕人为土亚类。

由于人为滞水水分状况的消失以及部分土壤性质的变化,腐心青紫泥田改旱后的两个土壤(QYP_2 和 QYP_3)已不再具有水耕表层和水耕氧化还原层,因而不再适合归属为水耕人为土;由于其不具有含有大量蚯蚓粪、精耕细作而形成的高度熟化的肥熟表层,无长期引用富含泥沙的浑水灌溉而形成的灌淤表层,无长期施用大量土粪、土杂肥或河塘淤泥等而形成的堆垫表层,因而不满足旱耕人为土的要求;其不满足水提 pH≤5.9 的条件,因而不具有灰化淀积层,不符合灰土要求;不满足土壤中火山灰、火山渣或其他火山碎屑物占全土重量的 60％以上等火

山灰特性,因而不符合火山灰土要求;不满足阳离子交换量(CEC_7)小于 16 cmol(＋)·kg^{-1}的条件,因而不具有铁铝层,不符合铁铝土的要求;无开裂、翻转、扰动等变性特性,因而不符合变性土的要求;地表无结皮、漆皮、风蚀刻痕、沙层、砂砾层等干旱表层特征,因而不符合干旱土的要求;无易溶性盐或碱聚集的盐积层或碱积层,因而不符合盐成土要求;矿质土表至 50 cm 范围内无潜育特征,因而不符合潜育土的要求;表土不满足润态明度小于 3.5、润态彩度小于 3.5 的暗沃表层条件,不满足均腐殖质特性(有机质在剖面中分布具有陡减现象),因而不符合均腐土要求;其土壤黏粒 CEC 都在 24 cmol·kg^{-1}以上,也不符合富铁土的要求;而该土壤中上覆淋溶层黏粒含量在 15％～40％之间,且淀积层黏粒总量均高于上覆淋溶层黏粒总量的 1.2 倍(表 4.2),因而具有明显的黏化层,可将其归为淋溶土纲。由于该土分布在杭嘉湖水网平原,受地下水的影响,土壤水分状况属于潮湿水分状况,但在中国土壤系统分类的淋溶土中没有设立相应的潮湿淋溶土只设立冷凉淋溶土、干润淋溶土、常湿淋溶土和湿润淋溶土等亚纲,潮湿水分状况与常湿水分状况较为接近,可将该土暂归为常湿淋溶土亚纲。此外,由于该土壤无碳酸岩石质接触面、碳酸盐岩岩屑和风化残余石灰等碳酸盐岩岩性特征;B 层土壤呈中性或碱性,无铝质特性或铝质现象;但土壤剖面 QYP_2 和 QYP_3 土表至 75 cm 深度范围内土壤有机碳总储量分别为 14.94 kg·m^{-2}和 14.20 kg·m^{-2}(≥12 kg·m^{-2}),因而其具有腐殖质特性,结合该土的其他土壤诊断特征,可将腐心青紫泥田改旱后两个土壤归为腐殖简育常湿淋溶土亚类(表 5.1)。

表 5.1　水改旱系列土壤剖面在土壤系统分类中的归属

	剖面号	土　纲	亚　　纲	土　　类	亚　　类
腐心青紫泥田改旱系列土壤	QYP_1	人为土	水耕人为土	潜育水耕人为土	普通潜育水耕人为土
	QYP_2	淋溶土	常湿淋溶土	简育常湿淋溶土	腐殖简育常湿淋溶土
	QYP_3	淋溶土	常湿淋溶土	简育常湿淋溶土	腐殖简育常湿淋溶土
青紫泥田改旱系列土壤	TSP_1	人为土	水耕人为土	铁渗水耕人为土	底潜铁渗水耕人为土
	TSP_2	淋溶土	常湿淋溶土	简育常湿淋溶土	普通简育常湿淋溶土
	TSP_3	淋溶土	常湿淋溶土	简育常湿淋溶土	普通简育常湿淋溶土
青粉泥田改旱系列土壤	TJP_1	人为土	水耕人为土	铁聚水耕人为土	普通铁聚水耕人为土
	TJP_2	淋溶土	常湿淋溶土	简育常湿淋溶土	普通简育常湿淋溶土
	TJP_3	淋溶土	常湿淋溶土	简育常湿淋溶土	普通简育常湿淋溶土

续表

	剖面号	土　纲	亚　纲	土　类	亚　类
小粉泥田改旱系列土壤	JYP$_1$	人为土	水耕人为土	简育水耕人为土	普通简育水耕人为土
	JYP$_2$	淋溶土	常湿淋溶土	简育常湿淋溶土	普通简育常湿淋溶土
	JYP$_3$	淋溶土	常湿淋溶土	简育常湿淋溶土	普通简育常湿淋溶土
黄泥砂田改旱系列土壤	QTJP$_1$	人为土	水耕人为土	铁聚水耕人为土	普通铁聚水耕人为土
	QTJP$_2$	淋溶土	湿润淋溶土	铁质湿润淋溶土	斑纹铁质湿润淋溶土
	QTJP$_3$	淋溶土	湿润淋溶土	铁质湿润淋溶土	斑纹铁质湿润淋溶土

二、青紫泥田改旱后土壤类型的演变

长期种植水稻的剖面 TSP$_1$（青紫泥田），发育了完整的水耕表层和水耕氧化还原层，并且在矿质土表至 60 cm 范围内没有出现潜育特征，而紧接水耕表层之下有厚度约 25 cm 的灰色铁渗淋亚层，该层离铁基质占 85% 以上，且色调为 7.5Y，润态彩度小于或等于 2，由此可以判断供试青紫泥田在中国土壤系统分类中属于铁渗水耕人为土。由于该土壤无变性现象、无漂白层，60～100 cm 范围内 88～100 cm 土层（≥10 cm）范围内为潜育层，具有潜育特征，因而该土壤可归属于底潜铁渗水耕人为土亚类。

由于人为滞水水分状况消失和部分土壤性质的变化，青紫泥田改旱后的两类土壤（TSP$_2$ 和 TSP$_3$）已不再具有水耕表层和水耕氧化还原层，因而不再适合归属为水耕人为土；由于其不具有肥熟表层、灌淤表层或堆垫表层，因而不符合旱耕人为土的要求；其不具有灰化淀积层，不符合灰土要求；其不具备火山灰特性，因而不符合火山灰土要求；其不具有铁铝层，因而不符合铁铝土的要求；其无变性特性，因而不符合变性土的要求；其无干旱表层特征，因而不符合干旱土的要求；无盐积层或碱积层，因而不符合盐成土要求；矿质土表至 50 cm 范围内无潜育特征，因而不符合潜育土的要求；其无暗沃表层条件，不满足均腐殖质特性，因而不符合均腐土要求；其土壤黏粒 CEC 都在 24 cmol·kg^{-1} 以上，也不符合富铁土的要求；但其具有明显的黏化层，可将其归为淋溶土纲。由于青紫泥田改旱后土壤分布在宁绍水网平原，受地下水的影响，土壤水分状况属于潮湿水分状况，但在中国土壤系统分类的淋溶土中未设立相应的潮湿淋溶土，鉴于潮湿水分状况与常湿水分状况较为接近，可将该土暂归为常湿淋溶土亚纲。此外，由于该土无碳酸盐岩岩性特征,无铝质现象,土壤剖面 TSP$_2$ 和 TSP$_3$ 土表至 100 cm 深度范围内土壤有机碳总储量分别为 11.36 kg·m^{-2} 和 10.12 kg·m^{-2}(<12 kg·m^{-2}),因而不具有腐殖质特性,结合该土的其他土壤诊断特征,可将青紫泥田改旱后的土壤(TSP$_2$ 和 TSP$_3$)归为普通简育常湿淋溶土亚类(表 5.1)。

三、青粉泥田改旱后土壤类型的演变

长期种植水稻的剖面 TJP$_1$(青粉泥田),发育了完整的水耕表层和水耕氧化还原层,在矿质土表至 60 cm 范围内未出现潜育特征,在水耕表层之下也没有出现灰色铁淋失亚层,而水耕氧化还原层的 DCB 浸提性铁超过表层的 1.5 倍,由此可以判断供试青粉泥田属于铁聚水耕人为土。由于该土壤剖面中无变性现象、无漂白层,60~100 cm 范围内土层无潜育特征,因而供试青粉泥田可归属于普通铁聚水耕人为土亚类。

青粉泥田改旱后的两个土壤(TJP$_2$ 和 TJP$_3$),已不再具有水耕表层和水耕氧化还原层,不再适合归属为水耕人为土;由于其无肥熟表层、无灌淤表层、无堆垫表层、无灰化淀积层、无火山灰特性,无铁铝层、无变性特性、无干旱表层、无盐积层、无碱积层、矿质土表至 50 cm 范围内无潜育特征、无均腐殖质特性,因而不符合旱耕人为土、灰土、火山灰土、铁铝土、变性土、干旱土、盐成土、潜育土、均腐土的要求;其土壤黏粒 CEC 都在 24 cmol·kg^{-1} 以上,也不符合富铁土的要求,但其具有明显的黏化层,可将其归为淋溶土纲。由于青粉泥田改旱后的土壤分布在杭嘉湖水网平原,受地下水的影响,土壤水分状况属于潮湿水分状况,可将该土暂归为常湿淋溶土亚纲。此外,由于青粉泥田改旱后的土壤剖面中无碳酸盐岩岩性特征,无铝质现象,土壤剖面 TJP$_2$ 和 TJP$_3$ 土表至 100 cm 深度范围内土壤有机碳总储量分别为 11.18 kg·m^{-2} 和 9.77 kg·m^{-2}(<12 kg·m^{-2}),因而不具有腐殖质特性,结合该土的其他土壤诊断特征,可将青粉泥田改旱后土壤(TJP$_2$ 和 TJP$_3$)归为普通简育常湿淋溶土亚类(表 5.1)。

四、小粉泥田改旱后土壤类型的演变

长期种植水稻的剖面 JYP$_1$(小粉泥田),发育了完整的水耕表层和水耕氧化还原层,并且在矿质土表至 60 cm 范围内没有出现潜育特征,在水耕表层之下也没有出现灰色铁淋失亚层,而水耕氧化还原层的 DCB 浸提性铁不足表层的 1.5 倍,因而可以判断供试小粉泥田属于简育水耕人为土。由于该土壤无变性现象、无盐积层、无复石灰作用、无漂白层、60～100 cm 范围内无潜育特征,因而供试小粉泥田可归属于普通简育水耕人为土亚类。

小粉泥田改旱后的两个土壤(JYP$_2$ 和 JYP$_3$),已不再具有水耕表层和水耕氧化还原层,不再适合划为水耕人为土;由于其无肥熟表层、无灌淤表层、无堆垫表层、无灰化淀积层、无火山灰特性,无铁铝层、无变性特性、无干旱表层、无盐积层、无碱积层、矿质土表至 50 cm 范围内无潜育特征、无均腐殖质特性,因而不符合旱耕人为土、灰土、火山灰土、铁铝土、变性土、干旱土、盐成土、潜育土、均腐土的要求;其土壤黏粒 CEC 都在 24 cmol·kg^{-1}以上,也不符合富铁土的要求,但其具有明显的黏化层,可将其归为淋溶土纲。由于小粉泥田改旱后的土壤分布在杭嘉湖水网平原,受地下水的影响,土壤水分状况属于潮湿水分状况,可将该土暂归为常湿淋溶土亚纲。此外,由于小粉泥田改旱后的土壤剖面中无碳酸盐岩岩性特征,无铝质现象,土壤剖面 JYP$_2$ 和 JYP$_3$ 土表至 100 cm 深度范围内土壤有机碳总储量分别为 8.27 kg·m^{-2}和 7.53 kg·m^{-2}(＜12 kg·m^{-2}),因而不具有腐殖质特性,结合该土的其他土壤诊断特征,可将小粉泥田改旱后土壤(JYP$_2$ 和 JYP$_3$)归为普通简育常湿淋溶土亚类(表 5.1)。

五、黄泥沙田改旱后土壤类型的演变

长期种植水稻的剖面 QTJP$_1$(黄泥砂田),发育了完整的水耕表层和水耕氧化还原层,并且在矿质土表至 60 cm 范围内没有出现潜育特征,在水耕表层之下也没有出现灰色铁淋失亚层,而水耕氧化还原层的 DCB 浸提性铁超过表层的 1.5 倍,由此可以判断该供试黄泥砂田属于铁聚水耕人为土。由于其无变性现象、无漂白层、60～100 cm 范围内无潜育特征,因而供试黄泥砂田可归属于普通铁聚水耕人为土亚类。

黄泥砂田改旱后的两个土壤(QTJP$_2$ 和 QTJP$_3$),已不再具有水耕表层和水耕氧化还原层,不再适合归属于水耕人为土;由于其无肥熟表层、无灌淤表层、无堆垫表层、无灰化淀积层、无火山灰特性,无铁铝层、无变性特性、无干旱表层、无盐积层、无碱积层、矿质土表至 50 cm 范围内无潜育特征、无均腐殖质特性,因而不符合旱耕人为土、灰土、火山灰土、铁铝土、变性土、干旱土、盐成土、潜育土、均腐土的要求;其土壤黏粒 CEC 都在 24 cmol·kg^{-1}以上,也不符合富铁土的要求,但其具有明显的黏化层,可将其归为淋溶土纲。由于黄泥砂田改旱后的土壤属于湿润土壤水分状况,并且土壤剖面 QTJP$_2$ 和 QTJP$_3$ 中无漂白层,无碳酸盐岩岩性特征,无铝质特性或铝质现象,而其从矿质土表至 125 cm 范围内 B 层均有铁质特性

(铁游离度大于或等于40%),50~100 cm范围内有不少于10 cm土层具有大量锈纹锈斑等氧化还原特征,因而黄泥砂田改旱后土壤($QTJP_2$和$QTJP_3$)可归属为斑纹铁质湿润淋溶土亚类(表5.1)。

第三节　讨论与结论

依据《中国土壤系统分类》(第三版)进行检索,根据供试土壤诊断层和诊断特性,对乡村旅游目的地水田利用方式改变后形成的土壤进行诊断与分类,确定其在系统分类中的归属。本研究中,腐心青紫泥田、青紫泥田、青粉泥田、小粉泥田和黄泥砂田在系统分类中分别属于普通潜育水耕人为土、底潜铁渗水耕人为土、普通铁聚水耕人为土(平原地区)、普通简育水耕人为土和普通铁聚水耕人为土(丘陵地区);水田改旱作后土壤,人为滞水水分状况消失,并逐渐向湿润土壤水分状况和潮湿土壤水分状况转变,土壤水分条件已不能满足水耕人为土的诊断条件,并且已不再具有水耕表层和水耕氧化还原层,因而不能再归属于水耕人为土;由于改旱后土壤不符合旱耕人为土、灰土、火山灰土、铁铝土、变性土、干旱土、盐成土、潜育土、均腐土、富铁土的要求,但其在长期水耕条件下,发生了黏粒的垂直迁移,形成了明显的黏化层,可将其归为淋溶土纲。如果供试水田土壤长期改种蔬菜,并形成肥熟表层,则改旱作后的土壤可能归入旱耕人为土亚纲。对于一些植稻时间较短的水耕人为土(水稻土)改旱后的土壤,如不符合富铁土的要求,在剖面中未形成明显的黏化层,则这些类型的水稻土改旱后的土壤就不能归入淋溶土纲,而应归入雏形土纲或新成土纲。因此,针对改旱后土壤的分类归属问题,要依据《中国土壤系统分类》(第三版)检索的顺序与方法,根据供试土壤自身的特征,逐步判断其分类归属。

第四节　本章小结

本章依据《中国土壤系统分类》(第三版)中诊断层和诊断特性的检索要求,研究乡村旅游目的地水田利用方式改变后土壤诊断特性及土壤类型的变化规律。结果表明,水田改旱作后,人为滞水水分状况消失,水耕表层和水耕氧化还原层也随之消失,并逐渐向湿润土壤水分状况和潮湿土壤水分状况转变,土壤水分条件已不能满足水耕人为土的诊断要求;而水耕条件下,淀积黏化作用形成的黏化层却一直保留在土壤剖面中。水田改旱作后土壤的诊断层和诊断特性不再满足水耕人为土的诊断标准,因而其在土壤系统分类中的地位也发生相应变化。本研究中,不同类型水耕人为土改旱后转化为淋溶土纲中常湿淋溶土和湿润淋溶土等类型的土壤,表明人为的强烈影响可使土壤类型在短时间内发生改变。

第六章　研究结论、创新点及展望

第一节　研究结论

一、乡村旅游目的地耕层土壤性质的变化特点

乡村旅游目的地水田改旱作后,腐心青紫泥田、青紫泥田、青粉泥田和粉泥田改旱系列土壤的耕作制度及土壤水分状况发生改变,养分等理化性质随之发生变化,并对耕层土壤微生物学性质产生显著影响,引起耕层土壤微生物生物量碳、生物量氮显著降低,土壤呼吸强度明显减弱,土壤脲酶和酸性磷酸酶活性显著增加,过氧化氢酶活性明显降低。改旱后,耕层土壤理化性质的变化还引起土壤微生物群落结构和基因多样性发生阶段性变化,土壤养分胁迫显著增强,土壤微生物多样性指数降低。结果表明,水田与旱地土壤土壤微生物学性质的差异要大于短期旱地与长期旱地之间的差异,水改旱对土壤微生物多样性的影响要大于土地利用年限的影响。研究表明,水田改旱作后土壤理化性质和微生物学性质的变化对生态环境带来了显著影响。

二、乡村旅游目的地土壤剖面形态特征及发生学特性的变化特点

乡村旅游目的地水田改旱作后,腐心青紫泥田、青紫泥田、青粉泥田、小粉泥田和黄泥砂田改旱系列土壤剖面各发生层相对比,表层和亚表层土壤发生学性质变化较明显,表下层土壤变化不太明显。改旱后,5个水改旱土壤剖面系列(特别是表层和亚表层)土壤颜色、容重、坚实度、孔隙度、结构体等发生明显变化。改旱后,人为滞水土壤水分状况消失,铁锰在土壤剖面中还原淋溶、氧化淀积作用明显减弱,从而对铁锰氧化物形态的变化产生影响。研究表明,5个水改旱系列土壤剖面整体表现为土壤氧化铁的全量和游离态含量及其剖面垂直分布模式变化不明显;土壤剖面各发生层土壤中活性铁、络合铁、亚铁及水溶性铁含量整体上呈下降

趋势,并以表层和亚表层土壤变化最明显。改旱后,5 个水改旱系列土壤剖面表层和亚表层土壤中全锰和游离锰含量整体上呈现增加的趋势;除小粉泥田改旱系列土壤剖面表层和亚表层土壤中活性锰含量呈下降趋势,其他系列表层和亚表层土壤中活性锰含量整体上呈增加趋势;改旱后,5 个水改旱系列土壤剖面中土壤络合锰含量整体呈现下降趋势,并且其含量随土壤深度的增加而逐渐降低;改旱后,土壤剖面中二价锰含量总体上呈现降低趋势。研究表明,水田改旱作后土壤发生学特性及铁、锰氧化物形态发生明显变化,并对土壤结构、重金属的迁移转化和土壤类型的演变产生重要影响。

三、乡村旅游目的地土壤类型的变化

按照《中国土壤系统分类检索》(第三版)检索顺序,根据检索出的诊断层和诊断特性,本研究确定了供试土壤在中国土壤系统分类中的归属。乡村旅游目的地水田改旱作后,水耕表层和水耕氧化还原层消失,人为滞水水分状况逐渐向湿润土壤水分状况和潮湿土壤水分状况转变,土壤水分条件已不再满足水耕人为土的诊断要求。土壤发生学性质改变后,土壤诊断层和诊断特性不再满足水耕人为土的特征,因而其在土壤系统分类中的地位也发生相应变化。水田改旱作后,在长期水耕条件下形成的黏化层和一些诊断特性依然保留在土壤中,并形成了一些新的诊断特性。结果表明,长期种植水稻的腐心青紫泥田、青紫泥田和小粉泥田在系统分类中分别归属于潜育水耕人为土、铁渗水耕人为土和简育水耕人为土,青粉泥田和黄泥砂田归属于铁聚水耕人为土;水田改旱作后,不同类型水耕人为土转化为淋溶土纲中常湿淋溶土和湿润淋溶土中相应类型的土壤,表明人为的强烈影响可使土壤类型在短时间内发生改变。

第二节 创 新 点

(1) 本书开展了乡村旅游目的地土壤性态与土壤类型演变的研究,是针对近年来我国农旅融合背景下农业产业结构调整后引起的一些水田永久性转变为旱地这一新问题提出的,因此研究涉及的问题是一个全新的科学问题。

(2) 内容上紧紧抓住了乡村旅游目的地土壤可能发生的变化,在分析农旅融合过程中乡村旅游目的地土壤发生学特性和土壤类型演变时,剖析了土壤诊断层和诊断特性演变规律及其与土地利用方式的关系,不同于以往关于土壤性质演变的研究。

（3）采用时空互代的方式,分别从水平方向和垂直方向对乡村旅游目的地耕层土壤和剖面土壤进行多方法、多层次、多角度分析,研究了利用方式改变后土壤理化性质、微生物学性质以及发生学性质的变化,将宏观领域的土地利用和土壤系统分类与微观领域的微生物学特性融为一体,全面、系统地研究了乡村旅游目的地土壤性态和类型的变化,多种方法论证了乡村旅游目的地土地利用方式变化后土壤性质的阶段性变化及对生态环境的显著影响,这是一种尝试性的突破。对土壤形态进行分析时,尝试将同一系列土壤剖面对应发生层的土壤放在一起拍摄图片,通过图片的直观展示,将野外观测和图片分析结合,使指标能够半定量化,这在研究方法上具有一定的新意。

第三节　研究展望

乡村旅游目的地土地利用方式变化对土壤、水体及大气都产生重要影响,然而如何将利用方式变化对生态环境的影响进一步量化(如确定水田改旱作后单位面积土壤中 CH_4、N_2O、CO_2 等温室气体排放量随旱作时间的变化规律),是一个值得深入研究的问题。

本书分析了乡村旅游目的地土壤环境因子发生变化后,土壤微生物种类、群落结构和基因多样性的变化,而对于在不同微生物对不同元素(环境因子)生态过程的相关功能,以及土壤中添加的有机物料的生物有效性方面,在今后的研究工作中还需要进一步展开。

乡村旅游目的地土地利用方式变化后,土壤新生体结构和形态等特性的变化值得进一步深入研究。此外,水田改旱作后土壤耕作管理标准以及水田改旱作后土壤的可持续利用等方面还需要进一步探讨。

参 考 文 献

[1] Bossio D A, Scow K M. Impacts of carbon and flooding on soil microbial communities: Phospholipid fatty acid profiles and substrate utilization patterns[J]. Microbial Ecology, 1998, 35(3-4): 265-278.

[2] Bossio D A, Girvan M S, Verchot L, et al. Soil microbial community response to land use change in an agricultural landscape of western Kenya [J]. Microbial Ecology, 2005, 49(1): 50-62.

[3] Cabrera M L, Kissel D E, Boek B R. Urea hydrolysis in soil: effects of urea concentration and soil pH[J]. Soil Biology and Biochemistry, 1991, 23(12): 1121-1124.

[4] Cai Z C. Effect of land use on organic carbon storage in soils in eastern China[J]. Water, Air and Soil Pollution, 1996, 91(3-4): 383-393.

[5] Cao Z H, Huang J F, Zhang C S, et al. Soil quality evolution after land use change from paddy soil to vegetable land[J]. Environmental Geochemistry and Health, 2004, 26(2): 97-103.

[6] Doran J W, Zeiss M R. Soil health and sustainability: managing the biotic component of soil quality[J]. Applied Soil Ecology, 2000, 15(1): 3-11.

[7] Eisen J A, Nelson K E, Paulsen I T, et al. The complete genome sequence of *chlorobium tepidum* TLS, a photosynthetic, anaerobic, green-sulfur bacterium[J]. Proceedings of the National Academy of Sciences, 2002, 99 (14): 9509-9514.

[8] Fahrbach M, Kuever J, Remesch M, et al. Steroidobacter denitrificans gen. nov., sp. nov., a steroidal hormone-degrading gammaproteobacterium[J]. International Journal of Systematic and Evolutionary Microbiology, 2008, 58: 2215-2223.

[9] FAO/UNESCO. Soil map of the world[J]. Revised Legend, Rome, 1988: 41-493.

[10] Fischer S G, Lerman L S. DNA fragments differing by single base-pair

substitutions are separated in denaturing gradient gels: correspondence with melting theory[J]. Proceedings of the National Academy of Sciences, 1983,80(6):1579-1583.

[11] Frankenberger Jr W T, Johanson J B, Nelson C O. Urease activity in sewage sludge-amended soils[J]. Soil Biology and Biochemistry, 1983,15 (5):543-549.

[12] Fredrickson J K, Balkwill D L, Drake G R, et al. Aromatic-degrading Sphingomonas isolates from the deep subsurface [J]. Applied and Environmental Microbiology,1995,61:1917-1922.

[13] Grégoire P, Fardeau M L, Joseph M, et al. Isolation and characterization of Thermanaerothrix daxensis gen. nov. , sp. nov. ,a thermophilic anaerobic bacterium pertaining to the phylum"Chloroflexi",isolated from a deep hot aquifer in the Aquitaine Basin[J]. Systematic and Applied Microbiology, 2011,34:494-497.

[14] He J Z, Zheng Y, Chen C R, et al. Microbial composition and diversity of an upland red soil under long-term fertilization treatments as revealed by culture-dependent and culture-independent approaches[J]. Journal of Soils and Sediments,2008,8(5):349-358.

[15] Hofmann E. Enzymreaktionen und ihre Bedeutung für die Bestimmung der Bodenfruchtbarkeit [J]. Zeitschrift für Pflanzenernährung, Düngung, Bodenkunde,1952,56(1-3):68-72.

[16] Jenkinson D S, Powlson D S. The effects of biocidal treatments on metabolism in soil-V:a method for measuring soil biomass[J]. Soil Biology and Biochemistry,1976,8(3):209-213.

[17] Jenkinson D S, Ladd J N. Microbial biomass in soil: measurement and turnover[J]. Soil Biochemistry,1981,5:415-471.

[18] Jin G, KelleyT R. Characterization of microbial communities in a pilot-scale constructed wetland using PLFA and PCR-DGGE analyses [J]. Journal of Environmental Science and Health Part A, 2007, 42 (11): 1639-1647.

[19] Kaur A, Chaudhary A, Kaur A , et al. Phospholipid fatty acid-A bioindicator of environment monitoring and assessment in soil ecosystem [J]. Current Science, 2005, 89(7):1103-1112.

[20] Khalid R A, Patrick W H, DeLaune R D. Phosphorus sorption characteristics of flooded soils [J]. Soil Science Society of America Journal,1977,41(2):305-310.

[21] Kumar S, Pahwa S K, Proroila K. Changes in some physic-chemical properties and activities of iron and zinc submergence of some rice soils [J]. Journal of Indian Society of Soil Science,1981,29:204-207.

[22] Liang C,Jesus E C,Duncan D S,et al. Soil microbial communities under model biofuel cropping systems in southern Wisconsin, USA: impact of crop species and soil properties[J]. Applied Soil Ecology,2012,54:24-31.

[23] Lin Q, Brookes P C. An envalution of the substrate-induced respiration method[J]. Soil Biology and Biochemistry,1999,31(14):1969-1983.

[24] Liu Y, Yao H, Huang C. Assessing the effect of air-drying and storage on microbial biomass and community structure in paddy soils[J]. Plant and Soil,2009,317(1-2):213-221.

[25] McKinley V L,Peacockb A D,White D C. Microbial community PLFA and PHB responses to ecosystem restoration in tallgrass prairie soils[J]. Soil Biology and Biochemistry,2005,37(10):1946-1958.

[26] McKenzie R M. The manganese oxides in soils—a review[J]. Zeitschrift für Pflanzenernährung und Bodenkunde,1972,131(3):221-242.

[27] Muyzer G, Waal E C, Uitterlinden AG. Profiling of complex microbial populations by denaturing gradient gel electrophoresis analysis of polymerase chain reaction amplified genes encoding for 16S rDNA[J]. Applied and Environmental Microbiology,1993,59:695-700.

[28] Nishimura S, Yonemura S, Sawamoto T, et al. Effect of land use change from paddy rice cultivation to upland crop cultivation on soil carbon budget of a cropland in Japan. Agriculture,Ecosystems and Environment, 2008,125(1):9-20.

[29] Pagnier I, Croce O, Robert C, et al. Genome sequence of Reyranella massiliensis, a bacterium associated with amoebae [J]. Journal of Bacteriology,2012,194(20):5698-5698.

[30] Pan G X,Li L Q,Wu L S,et al. Storage and sequestration potential of topsoil organic carbon in China's paddy soils[J]. Global Change Biology, 2004,10:79-92.

[31] Parton W J, Schimel D S, Cole C V, et al. Analysis of factors controlling soil organic matter levels in Great Plains grasslands [J]. Soil Science Society of America Journal, 1987, 51(5):1173-1179.

[32] Pukall R, Lapidus A, Del Rio T G, et al. Complete genome sequence of Conexibacter woesei type strain(ID131577T)[J]. Standards in Genomic Sciences, 2010, 2(2):212-219.

[33] Rahman M H, Okubo A, Sugiyama S, et al. Physical, chemical and microbiological properties of an Andisol as related to land use and tillage practice[J]. Soil and Tillage Research, 2008, 101(1):10-19.

[34] Sahrawat K L. Organic matter accumulation in submerged soils [J]. Advances in Agronomy, 2004, 81:169-201.

[35] Sah R N, Mikkelsen D S, Hafez A A. Phosphorus behavior in flooded-drained soils II. Iron transformation and phosphorus sorption[J]. Soil Science Society of America Journal, 1989, 53(6):1723-1729.

[36] Sah R N, Mikkelsen D S, Hafez A A. Phosphorus behavior in flooded-drained soils III. Phosphorus desorption and availability[J]. Soil Science Society of America Journal, 1989, 53(6):1729-1732.

[37] Smith J L, Paul E A. The significance of soil microbial biomass estimations [J]. Soil Biochemistry, 1990, 6:357-396.

[38] Snyder G H, Jones D B, Coale F J. Occurrence and correction of manganese deficiency in Histosol-grown rice [J]. Soil Science Society of America Journal, 1990, 54(6):1634-1638.

[39] Solomon D, Lehmann J, Zech W. Land use effects on soil organic matter properties of chromic luvisols in semi-arid northern Tanzania: carbon, nitrogen, lignin andcarbohydrates [J]. Agriculture, Ecosystems and Environment, 2000, 78(3):203-213.

[40] Sparling G P. Ratio of microbial biomass carbon to soil organic carbon as a sensitive indicator of changes in soil organic matter[J]. Australia Journal of Soil Research, 1992, 30(2):195-207.

[41] Steenwerth K L, Jackson L E, Calderón F J, et al. Soil microbial community composition and land use history in cultivated and grassland ecosystems of coastal California[J]. Soil Biology and Biochemistry, 2002, 34(11):1599-1611.

[42] Stenberg B. Monitoring soil quality of arable land: microbiological indicators [J]. Acta Agriculturae Scandinavica, Section B-plant Soil Science,1999,49(1):1-24.

[43] Takahashi T,Park CY,Nakajima H,et al. Ferric iron transformation in soils with rotation of irrigated rice-upland crops and effect on soil tillage properties[J]. Soil Science and Plant Nutrition,1999,45(1):163-173.

[44] Tunlid A,Baird B H,Trexler M B,et al. Determination of phospholipid ester-linked fatty acids and poly β-hydroxybutyrate for the estimation of bacterial biomass and activity in the rhizosphere of the rape plant Brassica napus (L.) [J]. Canadian Journal of Microbiology, 1985, 31 (12): 1113-1119.

[45] USDA. Keys to soil taxonomy [M]. Washington DC: United States Department of Agriculture,1998.

[46] Vance E D, Brookes P C, Jenkinson D S. An extraction method for measuring soil microbial biomass C[J]. Soil Biology and Biochemistry, 1987,19(6):703-707.

[47] Wang Y,Amundson R,Trumbore S. The impact of land use change on C turnover in soils[J]. Global Biogeochemical Cycles,1999,13(1):47-57.

[48] White D C, Davis W M, Nickels J S, et al. Determination of the sedimentary microbial biomass by extractible lipid phosphate [J]. Oecologia,1979,40(1):51-62.

[49] Wu Y,Ding N,Wang G,et al. Effects of different soil weights, storage times and extraction methods on soil phospholipid fatty acid analyses[J]. Geoderma,2009,150(1):171-178.

[50] Xue D,Yao H Y,Ge D Y,et al. Soil microbial community structure in diverse land use systems:a comparative study using biolog,DGGE,and PLFA analyses[J]. Pedosphere,2008,18(5):653-663.

[51] Yamada T,Sekiguchi Y,Hanada S,et al. *Anaerolinea thermolimosa* sp. nov. , *Levilinea saccharolytica* gen. nov. , sp. nov. and Leptolinea tardivitalis gen. nov. , sp. nov. , novel filamentous anaerobes, and description of the new classes Anaerolineae classis nov. and Caldilineae classis nov. in the bacterial phylum *Chloroflexi*[J]. International Journal of Systematic and Evolutionary Microbiology,2006,56(6):1331-1340.

［52］ Yamada T,Imachi H,Ohashi A,et al. *Bellilinea caldifistulae* gen. nov. , sp. nov. and *Longilinea arvoryzae* gen. nov. ,sp. nov. ,strictly anaerobic, filamentous bacteria of the phylum *Chloroflexi* isolated from methanogenic propionate-degrading consortia［J］. International Journal of Systematic and Evolutionary Microbiology,2007,57(10):2299-2306.

［53］ Yao H,He Z L,Wilson M J,et al. Microbial biomass and community structure in a sequence of soils with increasing fertility and changing land use［J］. Microbial Ecology,2000,40(3):223-237.

［54］ Yao H Y,He Z L,Huang C Y. Effect of land use history on microbial diversity in red soils［J］. Journal of Soil and Water Conservation,2003,17 (2):51-54.

［55］ Yoo S H,Weon H Y,Kim B Y,et al. Pseudoxanthomonas yeongjuensis sp. nov. , isolated from soil cultivated with Korean ginseng ［J］. International Journal of Systematic and Evolutionary Microbiology,2007, 57(3):646-649.

［56］ Yu Y J,Shen W S,Yin Y F,et al. Response of soil microbial diversity to land-use conversion of natural forests to plantations in a subtropical mountainous area of southern China［J］. Soil Science and Nutrition,2012, 58(4):450-461.

［57］ 波尔.土壤微生物学与土壤化学［M］.北京:科学技术文献出版社,1993.

［58］ 蔡妙珍,邢承华.土壤氧化铁的活化与环境意义［M］.浙江师范大学学报 (自然科学版),2004,27(3):279-282.

［59］ 曹慧,孙辉,杨浩.土壤酶活性及其对土壤质量的指示研究进展［M］.应用 与环境生物学报,2003,9(1):105-109.

［60］ 陈承利,廖敏,曾路生.污染土壤微生物群落结构多样性及功能多样性测定 方法［J］.生态学报,2006,26(10):3404-3412.

［61］ 陈振翔,于鑫,夏明芳,等.磷脂脂肪酸分析方法在微生物生态学中的应用 ［J］.生态学杂志,2005,24(7):828-832.

［62］ 常凤来,田昆,莫剑锋,等.不同利用方式对纳帕海高原湿地土壤质量的影 响［J］.湿地科学,2005,3(2):132-135.

［63］ 崔保山,杨志峰.湿地生态系统健康评价指标体系 I.理论［J］.生态学报, 2002,22(7):1005-1011.

［64］ 川口桂三郎.水田土壤学［M］.汲惠吉,孙虹霞,孙昌其,译.北京:农业出版

社,1984.

[65] 邓万刚,吴蔚东,陈明智,等.土地利用方式及母质对土壤有机碳的影响[J].生态环境,2008,17(3):1130-1134.

[66] 董红敏,李玉娥,陶秀萍,等.中国农业源温室气体排放与减排技术对策[J].农业工程学报,2008,24(10):269-273.

[67] 杜国华,张甘霖,龚子同.长江三角洲水稻土主要土种在中国土壤系统分类中的归属[J].土壤,2007,39(5):684-691.

[68] 丁昌璞,徐仁扣.土壤的氧化还原过程及其研究法[M].北京:科学出版社,2011.

[69] 方利平,章明奎.利用方式改变对水稻土发生学特性的影响[J].土壤通报,2006,37(4):815-816.

[70] 高中贵,彭补拙,喻建华,等.经济发达区土地利用变化对土壤性质的影响[J].自然资源学报,2005,20(1):44-51.

[71] 高超,张桃林,吴蔚东.不同利用方式下农田土壤对磷的吸持和解析特征[J].环境科学,2001,22(4):67-72.

[72] 揭筱纹,罗言云,王霞,等.乡村旅游目的地环境生态性规划与管理[M].成都:四川大学版社,2018.

[73] 龚子同.中国科学院水稻土讨论会在南京举行[J].土壤学报,1981,18(1):103-106.

[74] 龚子同.中国土壤系统分类——理论·方法·实践[M].北京:科学出版社,1999.

[75] 龚子同.中国土壤地理[M].北京:科学出版社,2014.

[76] 关松荫.土壤酶及其研究法[M].北京:农业出版社,1986.

[77] 郭焕成,韩非.中国乡村旅游发展综述[J].地理科学进展,2010,29(12):1597-1605.

[78] 何振立.土壤微生物及其养分循环和环境质量评价在中的意义[J].土壤,1997,29(2):61-69.

[79] 胡平波,钟漪萍.政府支持下的农旅融合促进农业生态效率提升机理与实证分析——以全国休闲农业与乡村旅游示范县为例.中国农村经济,2019(12):85-104.

[80] 胡国成,章明奎,韩常灿.红壤团具体力学和酸碱稳定性的初步研究[J].浙江农业科学,2000(3):125-127.

[81] 韩书成,濮励杰,陈凤,等.长江三角洲典型地区土壤性质对土地利用变化

的响应——以江苏省锡山市为例[J].土壤学报,2007,44(4):612-619.

[82] 杭州市土壤普查办公室.杭州土壤[M].杭州:浙江科学技术出版社,1991.

[83] 何毓蓉,黄成敏.成都平原水耕人为土诊断层的微形态特征与土壤基层分类[J].山地学报,2002,20(2):157-163.

[84] 贺茉莉,陈柏林,周虹.基于 SWOT-AHP 模型的休闲农业开发研究——以东莞市休闲农业为例.农业经济,2022(6):141-142.

[85] 黄山,芮雯奕,彭现宪,等.稻田转变为旱地下土壤有机碳含量及其组分的变化特征[J].环境科学,2009,30(4):1146-1151.

[86] 黄锦法,曹志洪,李艾芬,等.稻麦轮作田改为保护地菜田土壤肥力质量的演变[J].植物营养与肥料学报,2003,9(1):19-25.

[87] 雷鸣,陆彦.中外休闲农业模式的比较与发展建议[J].市场周刊,2021,34(9):1-4.

[88] 李艾芬,范文俊,陆建中,等.浙江省嘉兴市郊水稻土酸度比较研究[J].土壤,2010,42(4):644-647.

[89] 李潮海,王群.土壤物理性质对土壤生物活性及作物生长的影响研究进展[J].河南农业大学学报,2002,36(1):32-37.

[90] 李忠佩,吴晓晨,陈碧云.不同利用方式下土壤有机碳转化及微生物群落功能多样性变化[J].中国农业科学,2007,40(8):1712-1721.

[91] 李辉信,胡锋,蔡贵信,等.水田、旱坡地改种蔬菜后土壤养分含量的变化[J].土壤,2004,36(6):678-681.

[92] 李庆逵.中国水稻土[M].北京:科学出版社,1992.

[93] 李新爱,肖和艾,吴金水,等.喀斯特地区不同土地利用方式对土壤有机碳、全氮以及微生物生物量碳和氮的影响[J].应用生态学报,2006,17(10):1827-1831.

[94] 李振高,骆永明,滕应.土壤与环境微生物研究法[M].北京:科学出版社,2008.

[95] 李志鹏,潘根兴,张旭辉.改种玉米连续 3 年后稻田土壤有机碳分布和^{13}C自然丰度变化[J].土壤学报,2007,44(2):244-251.

[96] 李志,刘文兆,王秋贤.黄土塬区不同地形部位和土地利用方式对土壤物理性质的影响[J].应用生态学报,2008,19(6):1303-1308.

[97] 黎荣彬.土壤微生物生物量碳研究进展[J].广东林业科技,2009(6):65-69.

[98] 林秀治,黄秀娟.基于循环经济理论的休闲农业旅游生态环境管理研究[J].安徽农学通报,2015,21(22):128-129.

[99]   林先贵.土壤微生物研究原理与方法[M].北京:高等教育出版社,2010.

[100]   刘芬.湖北省乡村旅游多元化生态补偿机制构建[J].中国农业资源与区划,2018,39(6):223-228.

[101]   刘晓利,何园球,李成亮,等.不同利用方式和肥力红壤中水稳性团聚体分布及物理性质特征[J].土壤学报,2008,45(3):459-465.

[102]   刘世全,张明.区域土壤地理[M].成都:四川大学出版社,1997.

[103]   刘学军,吕世华,张福锁,等.土壤中锰的化学行为及其生物有效性.Ⅰ.土壤中锰的化学行为及其影响因素[J].土壤农化通报,1997,13(1):51-57.

[104]   刘学军,吕世华,张福锁,等.水肥状况对土壤剖面中锰的移动和水稻吸锰的影响[J].土壤学报,1999,36(3):369-376.

[105]   刘文娜,吴文良,王秀斌,等.不同土壤类型和农业用地方式对土壤微生物量碳的影响[J].植物营养与肥料学报,2006,12(3):406-411.

[106]   刘守龙,肖和艾,童成立,等.亚热带稻田土壤微生物生物量碳、氮、磷状况及其对施肥的反应特点[J].农业现代化研究,2003,24(4):278-283.

[107]   刘守龙,苏以荣,黄道友,等.微生物商对亚热带地区土地利用及施肥制度的响应[J].中国农业科学,2006,39(7):1411-1418.

[108]   刘善江,夏雪,陈桂梅,等.土壤酶的研究进展[J].中国农学通报,2011,27(21):1-7.

[109]   刘玉,李林立,赵柯,等.岩溶山地石漠化地区不同土地利用方式下的土壤物理性状分析[J].水土保持学报,2005,18(5):142-145.

[110]   鲁如坤.土壤农业化学分析方法[M].北京:中国农业科技出版社,2000.

[111]   骆永明,马奇英,马建锋,等.土壤环境与生态安全[M].北京:科学出版社,2009.

[112]   蒙睿,周鸿,徐坚.乡村旅游生态环境保护的系统观分析[J].云南师范大学学报(哲学社会科学版),2005,37(4):136-140.

[113]   嘉兴市土壤志编辑委员会.嘉兴土壤[M].杭州:浙江科学技术出版社,1991.

[114]   梅守荣.土壤酶活性及其测定[M].上海农业科技,1985,1:17-18.

[115]   毛艳玲,杨玉盛,邹双全,等.土地利用变化对亚热带山地红壤团聚体有机碳的影响[J].山地学报,2007,25(6):706-713.

[116]   潘根兴,李恋卿,张旭辉.土壤有机碳库与全球变化研究的若干前沿问题——兼开展中国水稻土有机碳固定研究的建议[J].南京农业大学学报,2002,25(3):100-109.

[117] 潘根兴,李恋卿,张旭辉,等.中国土壤有机碳库量与农业土壤碳固定动态的若干问题[J].地球科学进展,2003,18(4):609-618.

[118] 彭佩钦,吴金水,黄道友,等.洞庭湖区不同利用方式对土壤微生物生物量碳氮磷的影响[J].生态学报,2006,26(7):2261-2267.

[119] 彭新华,张斌,赵其国.土壤有机碳库与土壤结构稳定性关系的研究进展[J].土壤学报,2004,41(4):618-623.

[120] 彭怡萍.休闲农业开发中的生态环境问题与环境管理制度研究[J].现代农业科技,2014(10):220-221＋226.

[121] 邱志腾,杨良觎,章明奎.浙江省水耕人为土的主要类型及分布规律[J].浙江农业科学,2018,59(11):2135-2138.

[122] 邱莉萍,张兴昌.子午岭不同土地利用方式对土壤性质的影响[J].自然资源学报,2006,21(6):965-972.

[123] 衢州市农业局.衢州土壤[M].杭州:浙江科学技术出版社,1994.

[124] 全国农业技术推广服务中心.耕地质量演变趋势研究——国家级耕地土壤检测数据整编[M].北京:中国农业科学技术出版社,2008.

[125] 任勃,杨刚,谢永宏,等.洞庭湖区不同土地利用方式对土壤酶活性的影响[J].生态与农村环境学报,2009,25(4):8-11.

[126] 任瑞霞,张颖,李慧,等.石油污染土壤水改旱田后污染物组份及微生物群落结构变化[J].应用生态学报,2007,18(5):1107-1112.

[127] 冉炜,沈其荣.尿素浓度、培养时间和温度对3种土壤尿素水解过程的影响[J].南京农业大学学报,2000,23(2):43-46.

[128] 邵兴华.水稻土淹水过程铁氧化物转化对磷饱和度和磷、氮释放的影响[D].杭州:浙江大学,2005.

[129] 许小红,覃爽姿,阮柱,等.县域休闲农业旅游资源开发格局及优化策略研究——以广西为例[J].南宁师范大学学报(自然科学版),2021,38(3):102-113.

[130] 孙波,蔡崇法,陈家宙.红壤退化阻控与生态修复[M].北京:科学出版社,2011.

[131] 孙永丽,梅再生.贵阳市白云岩地区不同土地利用方式对土壤物理性质的影响[J].贵州师范大学学报,2006,24(2):379-385.

[132] 孙丽蓉,曲东.电子穿梭物质对异化Fe(Ⅲ)还原过程的影响[J].西北农林科技大学学报:自然科学版,2007,35(4):192-198.

[133] 孙丽蓉.水稻土中异化铁还原过程及其影响因素研究.杨凌:西北农林科

技大学,2007.

[134] 孙园园,李首成,周春军,等.土壤呼吸强度的影响因素及其研究进展[J].
安徽农业科, 2007,35(6):1738-1739,1757.

[135] 苏玲,林咸永,章永松,等.水稻土淹水过程中不同土层铁形态的变化及对
磷吸附解吸特性的影响[J].浙江大学学报(农业与生命科学版),2001,27
(2):124-128.

[136] 单正军,蔡道基,任阵海.土壤有机质矿化与温室气体释放初探[J].环境
科学学报,1996,16(2):150-154.

[137] 唐玉姝,魏朝富,颜廷梅,等.土壤质量生物学指标研究进展[J].土壤,
2007,39(2):157-163.

[138] 田慧,谭周进,屠乃美,等.少免耕土壤生态学效应研究进展[J].耕作与栽
培,2006(5):10-12.

[139] 万忠梅,吴景贵.土壤酶活性影响因子研究进展[J].西北农林科技大学学
报(自然科学版),2005,33(6):87-92.

[140] 王辉,董元华,安琼,等.高度集约化利用下蔬菜地土壤酸化及次生盐渍化
研究——以南京市南郊为例[J].土壤,2006,37(5):530-533.

[141] 王莉,张强,牛西午,等.黄土高原丘陵区不同土地利用方式对土壤理化性
质的影响[J].中国生态农业学报,2007,15(4):53-56.

[142] 王丽,梁智.南疆棉花连作对土壤酶活性的影响——以新疆生产建设兵团
农一师10团为例[J].新疆农业大学学报,2008,31(6):50-53.

[143] 王小利,苏以荣,黄道友,等.土地利用对亚热带红壤低山区土壤有机碳和
微生物碳的影响[J].中国农业科学,2006,39(4):750-757.

[144] 王益,刘军,王益权,等.黄土高原南部3种农田土壤剖面坚实度的变化规
律[J].西北农林科技大学学报(自然科学版),2007,35(9):200-209.

[145] 汪玉磊,徐进,单英杰.浙江省农业主要投入要素碳排放时空变化特征
[J].浙江农业科学,2016,1(3):311-313.

[146] 汪燕,程纪华,沈晓栋,等.浙江碳排放驱动因素及减排对策分析[J].浙江
经济,2016(5):30-32.

[147] 文倩,赵小蓉,陈焕伟,等.半干旱地区不同土壤团聚体中微生物量碳的分
布特征[J].中国农业科学,2004,37(10):1504-1509.

[148] 吴金水,林启美,黄巧云,等.土壤微生物生物量测定方法及其应用[M].
北京:气象出版社,2006.

[149] 吴文斌,杨鹏,唐华俊.土地利用对土壤性质影响的区域差异研究[J].中

国农业科学,2007,40(8):1697-1702.

[150] 吴才武,赵兰坡.土壤微生物多样性的研究方法[J].中国农学通报,2011,
       27(11):231-235.

[151] 吴建国,张小全,王彦辉,等.土地利用变化对土壤物理组分中有机碳分配
       的影响[J].林业科学,2002,38(4):19-29.

[152] 谢军飞,李玉娥.不同堆肥处理猪粪温室气体排放与影响因子初步研究
       [J].农业环境科学学报,2003,22(1):56-59.

[153] 徐琪,陆彦椿,刘元昌,等.中国太湖地区水稻土[M].上海:上海科技出版
       社,1980.

[154] 徐兰红,崔琳,韩瑛.黑土区不同土地利用类型土壤酶活性的变化特征
       [J].安徽农业科学,2013,41(30):12003-12004.

[155] 许泉,芮雯奕,何航,等.不同利用方式下中国农田土壤有机碳密度特征及
       区域差异[J].中国农业科学,2006,39(12):2505-2510.

[156] 熊毅.土壤胶体(第二册)[M].北京:科学出版社,1983.

[157] 熊毅,李庆逵.中国土壤[M].北京:科学出版社,1987.

[158] 袁玲,邦俊,郑兰君,等.长期施肥对土壤酶活性和氮磷养分的影响[J].植
       物营养与肥料学报,1997,3(4):300-306.

[159] 颜慧,蔡祖聪,钟文辉.磷脂脂肪酸分析方法及其在土壤微生物多样性研
       究中的应用[J].土壤学报,2006,43(5):851-859.

[160] 颜慧,钟文辉,李忠佩,等.长期施肥对红壤水稻土磷脂脂肪酸特性和酶活
       性的影响[J].应用生态学报,2008,19(1):71-75.

[161] 阎逊初.放线菌的分类和鉴定[M].北京:科学出版社,1992.

[162] 杨东伟,张慧敏,章明奎.水田返旱地后铁锰氧化物及其相关性状的变化
       [J].土壤通报,2014,45(2):257-264.

[163] 杨晓英,杨劲松,刘广明,等.盐碱地稻田旱作后土壤肥力变化及其对作物
       生长的影响[J].土壤通报,2006,37(4):675-679.

[164] 杨林章,徐琪.土壤生态系统[M].北京:科学出版社,2005.

[165] 姚槐应,何振立,黄昌勇.不同土地利用方式对红壤微生物多样性的影响
       [J].水土保持学报,2003,17(2):51-54.

[166] 姚文,朱伟云,韩正康.应用变性梯度凝胶电泳和16S rDNA序列分析对
       山羊瘤胃细菌多样性的研究[J].中国农业科学,2004,37(9):1374-1378.

[167] 尹睿,张华勇,黄锦法,等.保护地菜田与稻麦轮作田土壤微生物学特征的
       比较[J].植物营养与肥料,2004,10(1):57-62.

[168] 余姚市土壤普查办公室.余姚土壤[M].[出版地不详]:[出版者不详],1987.

[169] 于天仁,季国亮,丁昌璞,等.可变电荷土壤的电化学[M].北京:科学出版社,1996.

[170] 于天仁,陈志诚.土壤发生中的化学过程[M].北京:科学出版社,1990.

[171] 曾希柏.红壤化学退化与重建[M].北京:中国农业出版社,2003.

[172] 章明奎,何振立,陈国潮,等.利用方式对红壤水稳定性团聚体形成的影响[J].土壤学报,1997,34(4):359-366.

[173] 章明奎,魏孝孚,厉仁安.浙江省土系概论[M].北京:中国农业科技出版社,2000.

[174] 章明奎,徐建民.利用方式和土壤类型对土壤肥力质量指标的影响[J].浙江大学学报(农业与生命科学版),2002,28(3):277-282.

[175] 章明奎.农业系统中氮磷的最佳管理实践[M].北京:中国农业出版社,2004.

[176] 章明奎,唐红娟,常跃畅.黄斑田(铁聚水耕人为土)返旱后土壤发生学性质的变化[M].成都:电子科技大学出版社,2012.

[177] 章明奎,杨东伟.南方丘陵地水田改旱作后土壤发生学性质与类型的变化[J].土壤通报,2013,44(4):786-792.

[178] 章永松,林咸永,倪吾钟.淹水和风干过程对水稻土磷的吸附、解吸及有效磷的影响[J].中国水稻科学,1998,12(1):40-44.

[179] 章家恩,刘文高,胡刚.不同土地利用方式下土壤微生物数量与土壤肥力的关系[J].土壤与环境,2002,11(2):140-143.

[180] 张成娥,刘国彬,陈小利.坡地不同利用方式下土壤微生物和酶活性以及生物量特征[J].土壤通报,1999,30(3):101-103.

[181] 张甘霖,龚子同.水耕人为土某些氧化还原形态特征的微结构和形成机理[J].土壤学报,2001,38(1):10-16.

[182] 张甘霖,龚子同.土壤调查实验室分析方法[M].北京:科学出版社,2012.

[183] 张华勇,尹睿,黄锦法,等.稻麦轮作田改为菜地后生化指标的变化[J].土壤,2005,37(2):182-186.

[184] 张金波,宋长春.土地利用方式对土壤碳库影响的敏感性评价指标[J].生态环境,2003,12(4):500-504.

[185] 张健,陈凤,濮励杰,等.经济快速增长区土地利用变化对土壤质量影响研究[J].环境科学研究,2007,20(5):99-104.

[186] 张国盛,黄高宝,Chan Y.农田土壤有机碳固定潜力研究进展[J].生态学报,2005,25(2):351-357.

[187] 张薇,魏海雷,高洪文,等.土壤微生物多样性及其环境影响因子研究进展[J].生态学杂志,2005,24(1):48-52.

[188] 张玉斌,曹宁,苏晓光,等.吉林省低山丘陵区水土保持措施对土壤性质的影响[J].水土保持通报,2009,29(5):226-227.

[189] 赵文君,陈志诚.中国土壤系统分类新论[M].北京:科学出版社,1994,179-182.

[190] 赵宁伟,郜春花,李建华.土壤呼吸研究进展及其测定方法概述[J].山西农业科学,2011,39(1):91-94.

[191] 浙江统计局.2013浙江统计年鉴[M].北京:中国统计出版社,2013.

[192] 浙江省土壤普查办公室.浙江土壤[M].杭州:浙江科学技术出版社,2004.

[193] 浙江省绍兴市农业局.绍兴市土壤[M].上海:上海科学技术出版社,1991.

[194] 郑钊.基于物联网技术的智慧农业发展模式研究[M].农业经济,2022(2):13-15.

[195] 中国科学院南京土壤研究所土壤分类课题组,中国土壤系统分类课题研究协作组.中国土壤系统分类(首次方案)[M].北京:科学出版社,1991.

[196] 中国科学院南京土壤研究所土壤分类课题组,中国土壤系统分类课题研究协作组.中国土壤系统分类(修订方案)[M].北京:中国农业科技出版社,1995.

[197] 中国科学院南京土壤研究所土壤分类课题组,中国土壤系统分类课题研究协作组.中国土壤系统分类检索(第三版)[M].合肥:中国科学技术大学出版社,2001.

[198] 中华人民共和国国家统计局.2010中国统计年鉴[M].北京:中国统计出版社,2010.

[199] 中华人民共和国国家统计局.2012中国统计年鉴[M].北京:中国统计出版社,2012.

[200] 钟文辉,蔡祖聪.土壤微生物多样性研究方法[J].应用生态学报,2004,15(5):899-904.

[201] 周萍,宋国菡,潘根兴.三种南方典型水稻土长期试验下有机碳积累机制研究[J].土壤学报,2009,46(2):263-273.

[202] 周丽霞,丁明懋.土壤微生物学特性对土壤健康的指示作用[J].生物多样性,2007,15(2):162-171.

[203] 朱莲青,马溶之,宋达泉,等.水稻土土层分类及命名概则[J].土壤特刊,1938(4):85-91.
[204] 邹雨坤,张静妮,杨殿林,等.不同利用方式下羊草草原土壤生态系统微生物群落结构的 PLFA 分析[J].草业学报,2011,20(4):27-33.